LITTLE BOOK OF

# ROLEX

Dieses Buch ist eine Veröffentlichung von Welbeck, Teil der Headline Publishing Group Limited, und wurde nicht von einer natürlichen oder juristischen Person lizenziert, genehmigt, gesponsert oder zugelassen. Alle Warenzeichen, Firmennamen, Markennamen, eingetragenen Namen und Logos sind das Eigentum ihrer jeweiligen Inhaber und werden in diesem Buch nur zu Referenz- und Betrachtungszwecken verwendet.

Published by Welbeck, an imprint of Headline Publishing Group Limited
Based in London and Sydney | www.welbeckpublishing.com

ZS – Ein Verlag der Edel Verlagsgruppe


Redaktionsanschrift:
ZS, Edel Verlagsgruppe GmbH
Kaiserstraße 14 b, 80801 München
www.zsverlag.de/kontakt
www.edelverlagsgruppe.de/kontakt

3. Auflage 2025
ISBN 978-3-96584-450-6


Projektkoordination der deutschen Ausgabe: Ina Stewart
Übersetzung, Lektorat und Satz: Rotkel. Die Textwerkstatt



Printed in China

MIX
Papier | Fördert gute Waldnutzung
FSC® C020056
www.fsc.org

LITTLE BOOK OF

# ROLEX

Die Geschichte der legendären
Marke

JOSH SIMS

# INHALT

# ROLEX STELLT SICH VOR

40
60
20
30

# SIE BRAUCHEN HANS

Der Legende nach saß Hans Wilsdorf gerade in einem Londoner Doppeldeckerbus, als ihm der Name für sein junges Uhrenunternehmen einfiel.

Er ließ sich in jeder Sprache gut aussprechen; er war prägnant, einprägsam und kurz, sodass er leicht auf jedes Zifferblatt passte; und, so stellte Wilsdorf sich vor, er erinnerte an das Geräusch einer mechanischen Uhr, die aufgezogen wird. Rolex wurde nicht nur zur größten Uhrenmarke der Welt, was den Bekanntheitsgrad angeht, sondern überhaupt zu einer der fünf größten Marken, die weltweit bekannt sind. Das ist bemerkenswert für ein Produkt, das vergleichsweise wenige Leute je ihr Eigen nennen können. Bitten Sie jemanden, der sich nicht für Uhren interessiert, eine Uhrenfirma zu nennen, egal wo auf der Welt, wird er mit ziemlicher Sicherheit antworten: »Rolex.«

Und doch ist Rolex ein Rätsel. Dabei ist die Marke weltweit bekannt – dank ihres Sponsorings hochkarätiger Sportereignisse, ihrer Resonanz in Filmen und Popkultur und der Tatsache, dass ihre Designs die wohl am häufigsten kopierten in der Geschichte der Uhrmacherei sind. Rolex-Uhren sind nicht besonders teuer – zumindest verglichen mit den Uhren vieler anderer bedeutungsvoller Hersteller –, und es werden auch gar nicht einmal so wenige hergestellt. Das in Genf ansässige Unternehmen soll rund 800.000 Stück pro Jahr produzieren – mehr als andere Uhrenhersteller in ihrer gesamten Geschichte.

GEGENÜBER Rolex ist nicht nur die größte Uhrenmarke der Welt, sondern generell eine der größten Marken von weltweiter Bekanntheit.

Aber Rolex spricht nicht über Zahlen und auch längst nicht über alles, was das Unternehmen tut. »Wir haben dazu nicht das Bedürfnis«, sagte der Vorstandsvorsitzende Bertrand Gros im Jahr 2014 rätselhaft.

Und das gilt auch für vieles andere: Rolex kommentiert seine Aktivitäten nur selten. Es ist ein privates Unternehmen im wahrsten Sinne des Wortes, da es sich im Besitz einer gemeinnützigen Stiftung befindet und somit nicht den Anforderungen an die Offenlegung der Finanzen unterliegt, die für börsennotierte Unternehmen gelten. Rolex teilt die Kultur des Schweizer Bankwesens: undurchsichtig, distanziert, undurchdringlich, es sei denn, es sieht einen Vorteil. Rolex operiert von seinen sogenannten administrativen »Megablöcken« aus. Der Genfer Firmensitz vereint Büros und Produktionsstätte in einem von Addor, Juilliard & Bolliger entworfenen Monolithen; der Hauptsitz mit seinen vergitterten Glaskästen wurde später von Brodbeck Roulet umgestaltet, wobei die spiegelnden Oberflächen alle neugierigen Blicke von außen zurückwerfen. Das Rolex Learning Centre in Lausanne, ein »Labor für das Lernen«, ist 20.000 Quadratmeter groß und wirkt aus der Luft betrachtet wie die riesige Hauptplatine aus dem Inneren einer Uhr.

Das ist Architektur, die ins Auge fällt und gleichzeitig zurückhaltend ist. Ähnlich wie Rolex selbst: Die Firma bringt selten ein neues Modell auf den Markt, das grundlegend von denen der 1960er-Jahre oder davor abweicht. Dennoch kann die Marke sich darauf berufen, mehrere herausragende und äußerst tragbare Klassiker im Portfolio zu haben, die in ihrem Erscheinungsbild geschlechtsneutral wirken und immer noch produziert werden. Sie sind nicht nur Ikonen unter den Uhren, sondern auch Ikonen des Designs im Allgemeinen. Andere Uhrmacher streben über Jahrzehnte danach, wenigstens ein solches Kultobjekt zu fertigen.

Das bedeutet auch, dass Rolex-Uhren auf den ersten Blick zumindest äußerlich enorm vertraut wirken: einerseits, weil die Originaldesigns viele billigere Nachahmungen inspiriert haben, und andererseits, weil sie als steter Garant für Qualität zu endlosen

LINKS Rolex' Zusammenarbeit mit Ärmelkanalschwimmerinnen beschränkte sich nicht nur auf Mercedes Gleitze – auch Elsie Westenborg, alias Mickey West, versuchte 1930, den Kanal zu durchqueren.

Fälschungen geführt haben. Rolex-Fans werden sagen, dass es auf die kleinsten Details ankommt. Selbst die Platzierung oder die Farbe des Schriftzugs auf einem Rolex-Zifferblatt kann auf dem Sekundärmarkt zu einem enormen Aufpreis führen.

Doch das Unternehmen hat auch Pionierarbeit in Sachen Luft-, Staub- und Wasserdichtheit sowie zuletzt auch in der Materialwissenschaft und der Entwicklung neuer Legierungen geleistet, um die Widerstandsfähigkeit seiner Uhren zu verbessern: alles werksintern, um die wertvollen, patentierten Ideen besser zu schützen. Seit den 1990er-Jahren ist Rolex fast vollständig vertikal integriert: Wenn das Unternehmen etwas macht, dann macht es das selbst.

Viele streben danach, eine Rolex zu besitzen: sowohl Uhrenfans, für die mindestens eine Rolex unverzichtbarer Bestandteil ihrer Sammlung ist, als auch diejenigen, die nur eine Qualitätsuhr fürs Leben wollen und eine Rolex als die ultimative Uhr ansehen. Eine Rolex ist zur beliebten Beigabe für die wichtigsten Ereignisse im Leben geworden – sei es ein großzügiges Geschenk zur Volljährigkeit oder eine Belohnung für sich selbst zum ersten Gehalt. Nur wenige Besitztümer zeigen so subtil wie eine Rolex – bei Männern wie Frauen gleichermaßen –, dass man »angekommen« ist. Das Unternehmen könnte zweifelsohne viel, viel mehr Uhren verkaufen, als es herstellt.

Um diese Begehrlichkeit aufrechtzuerhalten, sind die neuen Modelle bekanntermaßen sehr schwer zu bekommen. Wie bei anderen Luxusgüterunternehmen scheint es bei Rolex ein

RECHTS Eine der ersten Oyster-Uhren von Rolex, noch vor dem Perpetual-Automatikwerk und mit der Bezeichnung »Precision« versehen, bevor sie die COSC-Zertifizierung erhielt.

inoffizielles System zu geben, bei dem langjährige, treue Kunden der weniger exklusiven Modelle in der Regel eingeladen werden, eines der selteneren zu erwerben. Und alle anderen können warten. Oder bei einer Auktion mit Aufschlag kaufen. Oder, was am wahrscheinlichsten ist, einfach verträumt zuschauen.

Rolex ist also eine Ansammlung verblüffender, betörender Widersprüche: ein industrieller Hersteller meist einfacher Edelstahluhren, deren Form ihrer Funktion folgt und die manche für überteuert und qualitativ nicht herausragend halten. Und gemessen an ihrer technischen Komplexität stellt Rolex tatsächlich nicht die besten Uhren der Welt her. Es ist auch die Marke, von der es heißt, dass sie fast ein Drittel ihrer Einnahmen ins Marketing investiert – eine von Wilsdorfs Bedingungen, als er darauf bestand, das Unternehmen als Stiftung fortzuführen. Das scheint darauf hinzudeuten, dass hier Stil vor Güte und Coolness vor Qualität geht. Darüber hinaus gilt eine Rolex-Uhr – woran das Unternehmen keine Schuld trägt – mittlerweile auch als Symbol für eine Art Vulgarität, Protz, für mangelnde Vorstellungskraft der Verbraucher …

Und dennoch … ist es gleichzeitig eben Rolex, erhaben über die Neider und größer als alles das. Es spricht sicherlich für die Marke Rolex, dass – ungeachtet dieser Zweifel und der scheinbaren Allgegenwärtigkeit ihrer Produkte – die von ihr hergestellten Uhren nach wie vor so gefragt sind und immer noch als Erfolgstalisman gelten. Rolex ist umgeben von der Aura des Zauberlandes Oz – der Magie, der Mythologie und der Mystik –, wenngleich bei diesem Oz nie der Vorhang zurückgezogen wird, um den Zauberer dahinter zu enthüllen.

Rolex weckt bei ihren Anhängern eine Leidenschaft, wie sie nur wenige andere Uhrenmarken entfachen können. Neue Modellvarianten erhalten schnell eigene Spitznamen, sei es die »Hulk« mit ihrer grünen Lünette oder die »Schlumpf« mit ihrem leuchtend blauen Zifferblatt. Kein Wunder also, dass die Liebe zu Rolex mit einem Kult verglichen wurde – es ist nicht schwer zu verstehen, warum.

# ZEITREISENDE

160 180 200 240 300 400

# EINE KURZE GESCHICHTE VON ROLEX

Hans Wilsdorfs Einstieg in die Welt der Uhren erfolgte im Alter von 19 Jahren.

Nach dem Besuch eines Internats und einer Handelsschule reiste Wilsdorf aus seiner Heimat Bayern nach La Chaux-de-Fonds, dem Epizentrum der Schweizer Uhrenindustrie. Dort arbeitete er zunächst bei einem Perlenhändler und dann bei Cuno Korten, einem Exporteur von Schweizer Taschenuhren. Eine seiner Aufgaben bestand darin, jeden Tag mehrere Hundert davon aufzuziehen, um ihre Genauigkeit zu überprüfen. Sein Arbeitsumfeld bestärkte ihn vielleicht in seiner Überzeugung, dass die Uhrenindustrie nicht verstanden hatte, was die modernen Kunden brauchten: Uhren, die weniger ausgefallen und stattdessen funktioneller, rationaler und in gewisser Weise germanischer waren – und dass dies eine Lücke war, die er füllen konnte.

»Hier hatte ich ausgezeichnet Gelegenheit, die Uhrenbranche sowie sämtliche Arten von Uhren, die in der Schweiz und im Ausland hergestellt wurden, zu studieren«, schrieb Wilsdorf in dem kleinen Buch *Rolex Jubilee Vade Mecum,* das er 1946 selbst verfasste.

Im Jahr 1905, im Alter von 24 Jahren und nachdem er in Bayern seinen Wehrdienst beendet hatte, zog Wilsdorf nach London und wurde britischer Staatsbürger. Er lieh sich Geld von seiner Mutter

GEGENÜBER Ein entscheidendes Merkmal von Rolex – wie bei dieser Daytona – ist die Aufzugskrone mit dem ikonischen fünfzackigen Kronenlogo der Marke.

und seiner Schwester und gründete zusammen mit seinem englischen Schwager Alfred Davis die Firma Wilsdorf & Davis in der Londoner Juwelierstraße Hatton Garden. Fortan importierten und verkauften sie Schweizer Uhren. Davis war weitgehend ein stiller Teilhaber, aber Wilsdorf hatte große Pläne: Er wollte, dass sie ihre eigene Uhr herstellten. Sie sollte schlicht und robust sein, aber schön genug, um am Handgelenk getragen zu werden, wie es immer mehr in Mode kam, statt wie bisher üblich in der Tasche versteckt. Der Name für Wilsdorfs neue Marke, Rolex, kam ihm 1908 während einer Fahrt mit dem Pferdeomnibus durch London in den Sinn. Ihm sollen über hundert mögliche Namen eingefallen sein, bevor er sich für Rolex entschied.

## EINE NEUE ÄRA

Sein Unternehmen so zu benennen, zeugte von reichlich Kühnheit: Bis dahin trugen Taschenuhren fast ausschließlich den Familiennamen ihrer Hersteller auf dem Zifferblatt, was auf Tradition, Handwerk und Herkunft verweisen sollte. Tatsächlich hatte Wilsdorf zunächst Schwierigkeiten, Akzeptanz für seine Idee zu finden. So brachte er den Namen Rolex anfänglich nur auf einer von sechs Uhren an und erst nach und nach auf weiteren. Dies sollte sich als die erste von vielen Innovationen von Rolex erweisen. Um den Namen Rolex bekannter zu machen, gestaltete Wilsdorf 1925 nicht nur das Markenlogo mit der fünfzackigen Krone, sondern beschloss auch, ein nach damaligen Maßstäben kleines Vermögen für Werbung auszugeben. Das zahlte sich aus, denn die Händler akzeptierten allmählich, dass der Schriftzug »Rolex« auf den Zifferblättern ihrer Uhren eher ein Verkaufsvorteil als ein Hindernis war. Die vom Art déco inspirierte Rolex Prince von 1928 war ein großer Erfolg und trug dazu bei, Rolex als ernst zu nehmenden Namen in der Uhrenindustrie zu etablieren.

Aber Wilsdorf sollte eine Quelle der Innovation sein. Von Anfang an, sagte er, sei es ihm auch darum gegangen, Uhren ohne Schnickschnack zu entwerfen. Das ist ein Grund dafür, dass kein Rolexgehäuse jemals einen Glasboden hatte, durch den sich

das Uhrwerk betrachten ließ – es wäre dadurch nur schlechter geschützt. Er wollte Uhren, die sowohl für Männer als auch für Frauen geeignet waren, im Wesentlichen Unisex-Uhren mit wenigen Änderungen bei den Größen. Das war eine weitere radikale Idee für die damalige Zeit, denn sie erforderte die Standardisierung von zahlreichen Uhrwerken unterschiedlicher Größe – ein industrielles, fordistisches Konzept für die Massenproduktion auf hohem Niveau, das ebenfalls neu in der Uhrenindustrie war.

OBEN Vor dem Oyster-Gehäuse oder dem Perpetual-Werk konzentrierte sich Rolex auf die Herstellung von Uhren in modischem Design, betonte aber stets deren Präzision als herausragende Eigenschaft.

Innerhalb von zwei Jahren hatte Wilsdorf das erste Produkt seiner Firma und unterstrich dessen Zuverlässigkeit, indem er es erfolgreich bei der offiziellen Kontrollstelle in Biel für das Schweizer Zertifikat für chronometrische Präzision einreichte. Vier Jahre

# If you were racing here tomorrow

# you'd wear a Rolex.

Sliding through this right-angle bend a Formula One Grand Prix car is travelling roughly 8 yards in a fifth of a second.

So to say Grand Prix racing drivers have a highly developed sense of timing is something of an understatement. Their lives depend on it.

Many of them wear a chronometer they call the best in the world. Its Oyster case is carved out of a solid block of 18 ct. gold or Swedish stainless steel. So much of the work is done by hand, each Rolex Oyster takes more than a year to make.

Jackie Stewart thinks it is time well spent.

The Rolex he wears is the Datejust.

ROLEX
OF GENEVA

Write to Rolex, Geneva, Switzerland, for free colour catalogue.

später wurde eine Rolex-Uhr vom Londoner Kew-Observatorium mit dem Präzisionszertifikat der Klasse A ausgezeichnet, eine Bewertung, die bis dahin nur den besten Marinechronometern zuteilgeworden war. Doch bei Rolex ging es nicht nur um Präzision oder Langlebigkeit – die Marke gestaltete die Branche auch um, indem sie den Fokus auf Armbanduhren legte, »wristlet watches«, wie Wilsdorf sie im damaligen Sprachgebrauch nannte. Schon 1914 setzte er darauf, dass die Nachfrage nach Taschenuhren mit der Zeit völlig verschwinden würde.

GEGENÜBER
Als Rolex in den Uhrenmarkt eintrat, war es noch eine neuartige Idee, eine Uhr am Handgelenk statt wie bisher in der Tasche zu tragen.

Wilsdorf hatte nach eigenen Angaben das Gefühl, ein gewisses Risiko einzugehen, weil die Armbanduhr zu jener Zeit noch nicht sonderlich gefragt war – unter anderem, wie er meinte, weil man sie »mit dem Begriff der Männlichkeit ganz einfach nicht vereinbar fand«. Und nur wenige Uhrmacher sahen darin eine Zukunft, auch weil es schwierig war, die Größe eines Taschenuhrwerks so zu reduzieren, dass es an das Handgelenk passte, gleichzeitig so zuverlässig wie eine Taschenuhr blieb und außerdem robust genug war, um Staub, Feuchtigkeit und gelegentlichen Stößen standzuhalten. Aber, so Wilsdorf, wenn es jemals eine Nachfrage nach Armbanduhren geben würde, dann in England, »dem Land des Sports par excellence«. Er sollte recht behalten.

## EIN UMZUG IN DIE SCHWEIZ

Ohne den Ausbruch des Ersten Weltkriegs wäre Rolex wahrscheinlich ein britisches Unternehmen geblieben und hätte die Geschichte der Uhrmacherei damit verändert. Die hohen Zölle auf die Ausfuhr von Luxusgütern und auf die Edelmetalle, die zur Herstellung von Rolex-Uhren verwendet wurden, waren für das Unternehmen in den Kriegsjahren so verheerend, dass eine Erholung nach Kriegsende unwahrscheinlich schien. Dazu kam die Diskriminierung, die Wilsdorf als gebürtiger Deutscher in dieser Zeit in Großbritannien zu spüren bekam. Diese Umstände zwangen ihn, nach Genf umzuziehen und neu anzufangen. 1919 ließ er sein Unternehmen in der Schweiz registrieren, zunächst als The Rolex Watch Company und dann als Montres Rolex SA.

Der neue Standort von Rolex war sowohl sicher als auch im Herzen der Uhrenindustrie gelegen. Doch auch der Zeitpunkt der Unternehmensgründung erwies sich als vorteilhaft: Die Zwischenkriegszeit und insbesondere die 1920er-Jahre vor dem Wall-Street-Crash von 1929 waren eine Phase enormer Kreativität und Innovation: vom Fernseher bis zum Staubsauger, von Wasserskiern bis zum Wundpflaster, von Tiefkühlkost bis zur Ampel – es herrschte Nachfrage nach technischem Fortschritt. Und dazu gehörten auch Armbanduhren. Als Rolex 1926 die erste wasserdichte Armbanduhr der Welt auf den Markt brachte, die aufgrund ihres hermetisch verschlossenen Gehäuses Oyster genannt wurde, entsprach das ganz dem Zeitgeist.

In dieser Zeit zeigte sich aber auch Wilsdorfs Talent für Marketing. Im Oktober 1927 hatte Mercedes Gleitze als erste Britin den Ärmelkanal durchschwommen. Als er später im selben Monat von der geplanten zweiten Kanalüberquerung erfuhr, trat Wilsdorf an sie heran, um sie quasi als Rolex' erste Markenbotschafterin zu gewinnen. Beim zweiten Versuch trug sie eine Oyster an einem Band um den Hals – und obwohl der Schwimmgang nach zehn Stunden abgebrochen werden musste, erwies er sich zumindest als Triumph für die Oyster, die weiterhin ganz genau ging. Das durfte nach Wilsdorfs Willen nicht unbemerkt bleiben: Auf der Titelseite der *Daily Mail* schaltete er eine Anzeige für »die Wunderuhr, die den Elementen trotzt«. Rolex hatte sich einen Namen gemacht. Und sich den Vorsprung vor einer Industrie gesichert, die weitgehend »an der Taschenuhr als ihrem Hauptprodukt« festhielt, wie Wilsdorf bemerkte.

Ironischerweise stand gerade diese Vorstellung einer Uhr, die den Elementen trotzt, im Widerspruch zu dem, was Wilsdorf selbst einst als Reiz der Armbanduhr betrachtet hatte, sowohl als erneuernde Kraft in der Schweizer Industrie wie auch als Triebkraft zur Umsatzsteigerung: Seiner Ansicht nach war die Taschenuhr eher ein Erbstück, das über Generationen hinweg unverändert weitergegeben wurde,

GEGENÜBER Rolex erkannte schon früh das Potenzial ihrer Uhren als Geschenk, insbesondere zu einem runden Geburtstag oder anderen bedeutenden Anlässen.

PRINCESSE ÉGYPTIENNE
Rolésium .. .. .. Frs 925
Or jaune .. .. .. Frs 1.800
Or mixte .. .. .. Frs 1.900
PRINCESSE ROCHETTINA
Rolésium .. .. .. Frs 925
Or jaune .. .. .. Frs 1.500
Or gris.. .. .. .. Frs 1.650
PRINCESSE GLAIEUL
Or mixte .. .. .. Frs 2.150
Or gris.. .. .. .. Frs 2.150
PRINCESSE FLEUR DE LYS
Rolésium .. .. .. Frs 925
Rolésor.. .. .. .. Frs 1.100
Or jaune .. .. .. Frs 1.600
ROLEX DUCHESSE
Métal .. .. .. .. Frs 475
Or jaune .. .. .. Frs 1.000
Avec Bulletin .. .. Frs 1.500
VICEROY
Métal.. .. .. .. Frs 450
Or jaune .. .. Frs 850
Autre modèle .. Frs 325
Pour vos présents de Noël
et du Jour de l'An
les Montres-Bracelets
ROLEX
détentrices de 27 records universels,
vous soumettent un choix
sans rival de chronomètres
de haute précision
dans des boîtiers artistiques.
ROLEX
NOËL
DAUPHIN BRANCARD
Rolésium .. .. .. Frs 775
Rolésor.. .. .. .. Frs 975
Or jaune .. .. .. Frs 1.800
DAUPHIN TRIANON
Rolésium .. .. .. Frs 925
Rolésor.. .. .. .. Frs 1.000
Or jaune .. .. .. Frs 1.750
TONNEAU TANK
Rolésium .. .. .. Frs 450
Or jaune .. .. .. Frs 1.250
PRINCE CLASSIQUE
Rolésium avec Bulletin. Frs 950
Or jaune — — Frs 2.150
VICEROY
Acier .. .. .. .. Frs 375
Autre modèle .. .. Frs 325
ROLEX TANK
Rolésium avec seconde c. Frs 525
— sans — Frs 475
MAPPIN & WEBB Ltd
NICE, BIARRITZ, ROME & BUENOS-AYRES.
A LA RENAISSANCE
YVAN
LUTZ
KIRBY, BEARD & Co
HAMEL (LACOMBE, Succr)
AU CHRONOMÈTRE D'OR
PIETRI
CLERC
PANAYOTI
S.A.F. DES MONTRES ROLEX, 14, Rue Monsigny, PARIS. H. Wilsdorf, Directeur général.
MAISONS A GENÈVE, LONDRES, DUBLIN, TORONTO, BUENOS-AYRES, OSAKA.

während die Armbanduhr aufgrund ihrer größeren Sichtbarkeit modischen Trendwechseln unterliegen würde. Die Trägerinnen und Träger sollten sich also regelmäßig neue Modelle zulegen – sowohl Männer als auch Frauen würden nicht nur eines, sondern mehrere besitzen wollen, die jeweils zur gerade gewählten Kleidung passten.

Und dennoch schuf Wilsdorf Uhren, die nicht nur über der Mode stehen sollten, sondern auch robust genug waren, um den Belastungen des täglichen Lebens standzuhalten. Für die Schaufenster seiner Händler entwarf er sogar ein Aquarium, in dem neben den Fischen auch eine Oyster (»Auster«) platziert werden konnte.

## MEHR GROSSE IDEEN

Der Erfolg der Oyster gab Wilsdorf und Rolex anscheinend das Selbstvertrauen, den technologischen und gestalterischen Fortschritt bei ihren Uhren weiter voranzutreiben. Während sich andere Hersteller darauf konzentrierten, schrittweise die Genauigkeit mechanischer Uhrwerke zu verbessern, verfolgte Rolex einen gesamtheitlichen Ansatz und überdachte die Armbanduhr als Ganzes: Wie konnte sie haltbarer, besser lesbar, angenehmer zu tragen und funktioneller werden? Und wie konnte man ihre luft-, staub- und wasserdichten Qualitäten noch verbessern? Konnte man zum Beispiel das Aufziehen der Uhr minimieren?

Zu diesem Zweck hatte Rolex lange andere Hersteller mit der Fertigung ihrer Uhrwerke betraut. Die Bieler Firma Aegler beispielsweise war ein langjähriger Lieferant, auch wenn die Werke mit Rolex signiert waren und die ursprüngliche Daytona mit einem Uhrwerk von Valjoux geliefert wurde. Nichtsdestotrotz hatte man bei Rolex eigene Ideen zur Verbesserung. Rolex entwickelte das Uhrwerk mit Automatikaufzug weiter – im Wesentlichen durch die Anbringung eines Gewichtes am Uhrwerk, das entsprechend der kinetischen Energie rotierte, die der Träger mit seinen Armbewegungen erzeugte und wobei er die Uhr aufzog. Die Idee war nicht neu; viele Uhrmacher hatten bereits ähnliche Ansätze ausprobiert, vor allem

Abraham-Louis Perrelet im 18. Jahrhundert und Wilsdorfs Zeitgenosse John Harwood. Rolex aber perfektionierte sie, erkannte allerdings in späteren Werbeanzeigen an, welchen wichtigen Beitrag Perrelet und Harwood geleistet hatten.

Wilsdorf hielt es für gut, dass dabei ein verlässliches System herausgekommen war. Er schätzte, dass der Ruf des automatischen Uhrwerkes auf dem Spiel stand. Da bisherige Versuche zur Perfektionierung dieser Innovation erfolglos geblieben waren, drohte die Idee des automatischen Uhrwerkes von Herstellern wie Käufern ein für alle Mal verworfen zu werden, wenn Rolex nun nicht mit einer Präzisionsleistung aufwarten konnte.

UNTEN Moderne Rolex, wie diese GMT-Master II, tragen ein Markenmotiv auf der Innenseite der Lünette, um Fälschungen vorzubeugen.

from the
TOP OF
THE WORLD
to the
BOTTOM
OF THE SEA
ROLEX
ROLEX proves dependable!
In the same year when the roof of the world was at last conquered by the Rolex equipped Everest expedition, the Rolex Company produced a special "Oyster" model watch which, affixed outside the Bathyscaphe "Trieste," submerged to 10,350 feet . . . and after surfacing was in perfect condition . . . keeping perfect time.
With the new-found sports craze . . . "skin-diving" . . . and as a result of deep-sea testing, Rolex is now able to add to the equipment of skin-divers with a unique, new water-proof, pressure-proof watch . . . the "Submariner." This instrument has a special rotating bezel, enabling the user to determine elapsed time at a glance: for instance, it keeps a diver alert to how much time he has before his supply of air will run out. The "Submariner" has almost all the advantages of a stop watch with none of the complications. Unconditionally guaranteed against any water pressure . . . here is another truly incomparable Rolex masterpiece.
BE SURE TO WRITE FOR THE SPECIAL FREE BOOKLET ON THE ROLEX "SUBMARINER"
ROLEX
A Landmark in the History of Time Measurement
THE AMERICAN ROLEX WATCH CORPORATION • 580 FIFTH AVENUE • NEW YORK 19, N. Y.

Rolex nannte dieses System – entwickelt von Emile Borer, dem technischen Direktor der Marke – den »ewigen« Rotor. Er ist bis heute die Grundlage automatischer Uhrwerke. 1945, am Ende des Zweiten Weltkriegs, brachte Rolex die erste Uhr mit Datumsanzeige auf den Markt: die Datejust. Das Modell mit seiner charakteristischen gezackten oder »geriffelten« Lünette und dem neuen Armband stellte auch vom Äußeren her eine Neuerung für die meisten Uhren dar.

In dieser Zeit leistete das Unternehmen sogar Pionierarbeit auf dem Gebiet der Philanthropie. Der Tod von Wilsdorfs Frau Florence im Jahr 1944 veranlasste ihn, seine Firmenanteile und einen Teil des Gewinns dauerhaft in eine Stiftung einzubringen, die verschiedene Wohltätigkeitsorganisationen unterstützen sollte. Diese Stiftung ist heute Eigentümerin und Geschäftsführerin von Rolex.

## DIE ENTSTEHUNG VON KLASSIKERN

Auch die 1950er-Jahre brachten eine Reihe von Rolex-Premieren mit sich, nicht zuletzt die erste Taucheruhr, die Submariner von 1953, die bis zu einer beeindruckenden Tiefe von einhundert Metern (328 Fuß) wasserdicht war. Dies war nur die erste »Toolwatch« des Unternehmens für Profis, eine Idee von René-Paul Jeanneret, dem damaligen Marketingdirektor von Rolex und Freund des legendären Unterwasserforschers Jacques Cousteau, der an der Entwicklung der Submariner beteiligt war. Toolwatches waren Uhren, die an Profis verkauft werden sollten – Taucher, Piloten, Forscher und so weiter –, aber auch an Menschen, die es diesen Profis gleichtun wollten, ihre Taucheruhr aber wahrscheinlich nicht tiefer als bis zum Grund des Swimmingpools im Urlaub tragen würden.

Die GMT-Master zum Beispiel wurde in erster Linie für Piloten entwickelt und spiegelte das rasante Wachstum des internationalen Flugverkehrs in jenem Jahrzehnt wider. 1956 kamen die Oyster Perpetual Day-Date auf den Markt, die erste Armbanduhr, die sowohl das Datum als auch den Wochentag anzeigte, sowie die Milgauss, die Magnetfeldern von bis zu tausend Gauß widerstehen

GEGENÜBER Ab Mitte der 1950er-Jahre profitierte Rolex von seinem wachsenden Ruf als Hersteller robuster »Toolwatches«, die nachweislich weltweit eingesetzt wurden.

konnte – was ausreichte, um andere mechanische Uhren völlig durcheinanderzubringen (siehe Seite 74). 1957 versuchte sich Rolex erstmals an Damenuhren. Der Ansatz war für die damalige Zeit genial und stellte die gängigen Ansichten darüber infrage, was Frauen tragen sollten. Das Unternehmen übernahm den Stil der Unisex-Uhren und passte sie einfach an kleinere Handgelenke an; den Anfang machte dabei die Datejust. Weiterhin wurde jedoch erwartet, dass Männer den Kauf tätigten. So hieß es in einer Rolex-Werbung, die hervorhob, wie wasserdicht die Oyster-Uhren waren: »Geben Sie Ihrer Frau etwas, das sie unter der Dusche tragen kann.«

Die 1960er-Jahre markierten für Rolex weitere Technologiesprünge – und das Ende einer Ära. Wilsdorf starb 1960, hinterließ keine Erben und wurde nach einer dreijährigen Übergangszeit von André Heiniger abgelöst (der wiederum 1992 von seinem Sohn Patrick abgelöst wurde). Aber das Jahrzehnt brachte der Marke auch breitere Bekanntheit. Rolex entwickelte Uhren für Rennfahrer – der Cosmograph Daytona wurde 1963 vorgestellt, benannt nach dem Daytona International Speedway, einem berühmten Austragungsort von Langstreckenrennen – und für professionelle Taucher. Auch wurden Rolex-Uhren als Prototyp an der Seite von Tauchbooten befestigt, darunter an der Trieste auf ihrer Reise in 11.000 Meter Tiefe zum Grund des Marianengrabens, dem tiefsten Punkt der Meere. Dieses Experiment trug zur Entwicklung der Oyster Perpetual Sea-Dweller bei, die 1967 auf den Markt kam und bis zu einer Tiefe von 610 Metern (2.000 Fuß) wasserdicht war.

Zudem erlangte Rolex nun auch kulturelles Ansehen, das durch den unerwarteten Erfolg der neuen James-Bond-Filme noch unterstrichen wurde. Lose Verbindungen mit Berühmtheiten hatte es freilich schon vorher gegeben: Humphrey Bogart trug 1940 in dem Film *Nachts unterwegs* eine Rolex Prince.

Jetzt kamen bekannte Stars aus allen Bereichen hinzu: Elvis Presley trug eine Rolex im Film *Girls! Girls! Girls!* von 1962 und der Schauspieler und begeisterte Rennfahrer Paul Newman die Daytona – die

LINKS Elvis Presley macht eine Pause während der Dreharbeiten zu dem Film *Girls! Girls! Girls!* von 1962. Er trägt eine Submariner, die mit dem nautischen Stil harmoniert.

wohl stärkste Verbindung zwischen einem Prominenten und einem bestimmten Uhrenmodell überhaupt. Picasso trug eine Rolex, ebenso wie der kubanische Revolutionär Fidel Castro (der die Angewohnheit hatte, zwei Uhren gleichzeitig zu tragen), der US-Präsident Lyndon B. Johnson, Martin Luther King Jr. und der Generalsekretär der Kommunistischen Partei der Sowjetunion, Leonid Breschnew. Eine Werbung aus dem Jahr 1957 lag eindeutig richtig: »Männer, die die Geschicke der Welt lenken, tragen Rolex-Uhren.«

Die Rolex wurde zunehmend als Wahl der Elite wahrgenommen. Dustin Hoffman bekam Ende der 1960er-Jahre von einem Rolex-Manager eine GMT-Master geschenkt, die er die nächsten zwanzig Jahre lang trug, sowohl am Set von Filmen wie *Der Marathon-Mann* und *Wer Gewalt sät* als auch in seiner Freizeit. Doch nicht jeder trug seine Rolex mit solcher Begeisterung. John F. Kennedy erhielt von Marilyn Monroe eine Rolex mit der Gravur: »Jack, stets in Liebe, von Marilyn.« Aber er soll die Uhr sofort an einen seiner Geheimdienstmitarbeiter weitergegeben haben – mit der Anweisung, sie zu entsorgen. Erst 2005, lange nach Kennedys Tod, tauchte das Geschenk bei einer Auktion wieder auf.

## DIE ZEITEN ÄNDERN SICH

Zum Glück hielt diese Popularität Rolex nicht von weiteren Forschungs- und Entwicklungsprogrammen für Profi-Uhren ab. Das nächste Jahrzehnt – die 1970er – brachte die Einführung der Explorer II mit ihrem unverwechselbaren orangefarbenen 24-Stunden-Zeiger und eine noch beeindruckendere Version der professionellen Taucheruhr, die Sea-Dweller 4000, die nun bis zu einer Tiefe von 1.200 Metern (4.000 Fuß) unter der Meeresoberfläche funktionierte. Doch wäre Rolex nicht zur größten Luxusuhrenmarke der Welt geworden, hätte das Unternehmen günstige Gelegenheiten ungenutzt verstreichen lassen: In den 1970er-Jahren begann die Marke mit der Entwicklung ihrer Modelle mit Stella-Zifferblatt – im Wesentlichen sportlich, nun aber auch mit geschliffenen Edelsteinen oder exquisiten Lackierungen verziert. Das waren keine Modelle für Abenteurer, aber sie ritten auf der ersten Welle des Bling-Bling.

Nichtsdestotrotz hätte es keinen besseren Zeitpunkt für Rolex geben können, um diesen Status zu erlangen. Die 1970er-Jahre waren eine schwierige Zeit für die schweizerische Uhrenindustrie mit mechanischen Uhrwerken: Sie sah sich durch das Aufkommen erschwinglicher, präziser und zuverlässiger Quarzwerke bedroht, die zwar in der Schweiz entwickelt, aber von japanischen Unternehmen zu Geld gemacht wurden. Viele Uhrenhersteller mussten aufgeben. Rolex überstand den Sturm, unter anderem dank der Glaubwürdigkeit als Innovator wie auch als Prestigemarke: Sie konnte sich immer darauf verlassen, als Luxusmarke wahrgenommen zu werden – und daraus Kapital schlagen.

GEGENÜBER Die Sky-Dweller ist (zum Zeitpunkt dieser Veröffentlichung) das jüngste komplett neue Modell von Rolex, hier in der firmeneigenen Variante Everose, einer anlaufsicheren Roségold-Legierung.

ROLEX
SKY-DWELLER
OYSTER PERPETUAL
SUPERLATIVE CHRONOMETER
OFFICIALLY CERTIFIED
SWISS
MADE

RECHTS Kräftig gefärbte Zifferblätter – nach dem Unternehmen, das die Pigmente und den Lack lieferte, Stella-Zifferblätter genannt – verliehen dem sonst eher funktionsorientierten Design eine moderne Frische.

Es war wohl unvermeidlich, dass das Unternehmen in der Zeit der »Quarzkrise«, wie die Branche sie nannte, und in den folgenden Jahrzehnten deutlich weniger kühn agierte – zumindest verglichen mit seiner frühen Geschichte, in der es bahnbrechende Neuerungen für die Armbanduhr eingeführt hatte. Man konzentrierte sich nun auf die Einführung neuer Versionen oder »Referenzen« etablierter Modelle, eventuell mit verbesserten Teilen, Uhrwerken oder »Kalibern«: so zum Beispiel die GMT-Master II mit ihrem unabhängigen

24-Stunden-Zeiger oder die Explorer II, eine Aktualisierung der Explorer. Bemerkenswerterweise war dieser Ansatz – auf einer soliden Basis etablierter Klassiker und bewährter Technologien aufzubauen, anstatt beständig das Rad neu erfinden zu wollen – von Anfang an Wilsdorfs erklärte Absicht gewesen. Wie er 1946 äußerte, bestand einer seiner wichtigsten Grundsätze darin, »die Resultate mit Uhren, welche ganz speziell zur Erreichung höchster Genauigkeit hergestellt worden waren, auch in die aktuelle Kollektion einfließen zu lassen« – Evolution, nicht Revolution.

Das soll nicht heißen, dass keine originellen Modelle geschaffen wurden: Zum Beispiel wurde 1992 einer weiteren abenteuerlichen und exklusiven Freizeitbeschäftigung eine spezielle Uhr gewidmet, indem man die Yacht-Master einführte. Im Jahr 2012 präsentierte Rolex die Sky-Dweller, die erstmals eine kalendarische Jahresübersicht mit der Anzeige zweier Zeitzonen kombinierte. Die Tatsache, dass zwischen diesen beiden Uhren zwanzig Jahre lagen, zeigt, wie zurückhaltend Rolex bei der Einführung völlig neuer Modelle geworden war. Es musste einen sehr guten Grund für ein neues Modell geben – und der war nicht immer offensichtlich.

Vielmehr lässt sich sagen, dass Rolex' weitere Fortschritte häufig eher subtil waren. Wenngleich Rolex bei ihren Uhren weniger radikale Fortschritte in deren Funktionalität machte, so entwickelte sie doch einen Ruf für einen zukunftsorientierten Ansatz mit Blick auf die geschützten Materialien, aus denen die Uhren gefertigt wurden – wie etwa Cerachrom oder Everose. Auf Geschäftsebene begann Rolex mit der Übernahme von Zulieferern wie zum Beispiel Aegler im Jahr 2004, um ein vertikal integriertes Unternehmen zu werden. Rolex ging letztlich dazu über, alles – mit Ausnahme von Saphirglas und Zeigern zum Zeitpunkt dieses Textes – selbst herzustellen. Damit begann der Aufstieg zum unangefochtenen Giganten der Schweizer Uhrmacherkunst.

Wie Wilsdorf es einmal ausdrückte: »Wir wollen die Ersten in der Branche sein, und Rolex sollte als das einzig Wahre betrachtet werden – als das Beste.«

# ALLES IN DER FAMILIE

ROLEX
OYSTER PERPETUAL
SWISS

# DIE WICHTIGSTEN ROLEX-MODELLE

Rolex hat wohl mehr Uhren geschaffen, die zu Klassikern wurden, als jeder andere Uhrenhersteller. Von der Submariner bis zur Datejust – diese unendlich oft kopierten Modelle haben dazu beigetragen, die Uhr der Moderne zu definieren.

## OYSTER

Nachdem Mercedes Gleitze 1927 als erste britische Frau den Ärmelkanal durchschwommen hatte, wurde ihr Erfolg davon getrübt, dass eine Schwindlerin behauptete, die Strecke bereits zuvor und in kürzerer Zeit zurückgelegt zu haben. Nur zwei Wochen später machte sich Gleitze auf den Weg, um die etwa 21 Meilen (34 Kilometer) erneut zu schwimmen, was als »Vindication Swim« bezeichnet wurde.
Das Vorhaben erfuhr bereits beträchtliche öffentliche Aufmerksamkeit, als Hans Wilsdorf dessen Werbepotenzial erkannte und Gleitze bat, dabei seine Oyster zu tragen. Die zweite Durchquerung schaffte sie nicht ganz, da sie sieben Meilen (elf Kilometer) vor dem Ufer aus dem zu kalten Wasser gezogen werden musste. Dabei bemerkte ein Journalist der *Times,* »dass sie eine goldene Uhr an einem Band um ihren Hals trug. Die Uhr ging immer noch ganz genau.« Und so war eine Legende geboren.

Einen Monat nach Gleitzes versuchter Kanalquerung kam in Großbritannien die erste Rolex Oyster auf den Markt. Cartier hatte

GEGENÜBER Die schöne Schlichtheit einer frühen Oyster Perpetual mit übergroßer Krone; bei diesem Vintage-Exemplar fehlt der Sekundenzeiger im Hilfszifferblatt.

GEGENÜBER Das Innere einer frühen Rolex Oyster Perpetual – der Rotor, der die Uhr auf geniale Weise selbst aufzog, ist deutlich sichtbar.

UNTEN Haben Edmund Hillary oder Sherpa Tenzing 1953 auf dem Gipfel des Everest ihre Rolex Oyster getragen? Wahrscheinlich nicht. Doch wer weiß …

1904 für den Flieger Alberto Santos-Dumont die heute als erste Armbanduhr anerkannte Uhr kreiert, und nun wurden Armbanduhren immer beliebter und verdrängten nach und nach die Taschenuhren. Da sie wegen ihrer Zweckmäßigkeit so häufig von Abenteurern, Entdeckern und Sportlern getragen wurden, machte sich Wilsdorf daran, eine neue, bewusst robuste Variante zu schaffen.

1910 erhielt die Oyster von Rolex die erste offizielle Chronometerzertifizierung für eine Armbanduhr. 1922 brachte das Unternehmen eine sogenannte Submarine (nicht Submariner) auf den Markt. Die Bezeichnung rührte daher, dass das Glas auf den Gehäuseboden geschraubt wurde, um sich wie eine U-Boot-Luke zu schließen und eine hermetische Abdichtung zu gewährleisten. Die gleiche Uhr verbarg die Aufzugkrone im Gehäuse – eine Idee, die ein gewisser Jean Finger 1921 patentierte und an der Wilsdorf die Rechte erwarb. Dies erwies sich als reichlich kniffelig, aber es

SWISS
1570

ROLEX
OYSTER PERPETUAL
EXPLORER
SUPERLATIVE CHRONOMETER
OFFICIALLY CERTIFIED
SWISS T < 25

war die Geburtsstunde der geriffelten Lünette, die zum Markenzeichen einiger späterer Rolex-Uhren werden sollte.

Rolex kaufte daraufhin von den Schweizer Prototyp-Uhrmachern Georges Perret und Paul Perregaux die Rechte am Patent für eine alternative Methode, eine wasserdichte Schraubkrone, und konnte diese mit einem modifizierten Design unter eigenem Patent verbessern. Endlich konnte Wilsdorfs Traum von der Oyster verwirklicht werden. 1926 wurde die Oyster zur ersten staubdichten, luftdichten und – für die damalige Zeit besonders beeindruckend – wasserdichten Uhr, die jemals hergestellt wurde.

»Infolgedessen kann sie im Meer oder in der Badewanne getragen werden, ohne Schaden zu nehmen. Auch arktische oder tropische Bedingungen würden die wunderbare Präzision ihrer schön ausbalancierten Bewegung nicht beeinträchtigen«, prahlte eine Anzeige für die *Daily Mail.* Mit der Lancierung der Oyster, so heißt es weiter, werde »der größte Triumph der Uhrmacherei erstmals vorgestellt«. Sie »markiert eine einzigartige Entwicklung im Fortschritt der chronomatischen Wissenschaft«. Später in jenem Jahr in der Vorweihnachtszeit wird geworben mit: »Make it a Rolexmas«.

27 Jahre nach ihrer Einführung war die Oyster immer noch die robusteste Uhr auf dem Markt. Aus diesem Grund trugen Mitglieder der britischen Mount-Everest-Expedition im Jahr 1953, die von Sir John Hunt geleitet wurde und bei der Edmund Hillary und Tenzing Norgay den Berg bestiegen, Oyster-Armbanduhren. Zu diesem Zeitpunkt wurden die größeren Zeiger, die Rolex für seine Sportmodelle – Explorers und Submariners – eingeführt hatte, als Hommage an Gleitze als Mercedes-Zeiger bezeichnet.

GEGENÜBER Eine Explorer aus dem Jahr 1965 – vielleicht diejenige, die auf dem Gipfel des Everest war –, noch mit dem charakteristischen 3-6-9-Zifferblatt, das zu dieser Zeit noch gedruckt wurde.

## DATEJUST

Die Datejust wurde anlässlich des Jubiläums von Rolex im Jahr 1944 eingeführt. Sie war die bis dahin größte Uhr von Rolex und, wie Wilsdorf es nannte, »die Zusammenfassung aller Entdeckungen der Uhrenwissenschaft bis zum heutigen Tage«.

GEGENÜBER Die Rolex Jubilee, ein Vorläufermodell der Datejust von 1945. Der Name wurde bald nur noch für das Armbanddesign verwendet, das laut Werbung »maskuline Schönheit« biete.

UNTEN Die gezackte Lünette der Datejust diente nicht nur der Dekoration, sondern bot auch Halt, wenn das Gehäuse gegen eindringendes Wasser zugedreht wurde.

Was war der Grund für diese Begeisterung? Was war an dieser Uhr so anders? Heute fällt es schwer, die damalige Neuheit zu würdigen, weil sie mittlerweile so normal ist. Aber die Rolex Datejust war, wie die Werbung damals beschrieb, »die einzige automatische, absolut wasserdichte Uhr, die ohne einen besonderen Zeiger in einem Ausschnitt das Datum automatisch angibt«. Ein Datum, das sich außerdem immer um Mitternacht automatisch änderte.

Das Uhrwerk hatte auch eine, wie Rolex es nannte, ausgeklügelte Methode zur Befestigung der Unruhspirale, sodass »die Gefahr beseitigt [ist], daß sie sich, infolge eines starken Stoßes, auffängt und die Reglage der Uhr stört«. Dies war von besonderem Interesse, wenn man die zusätzliche Komplexität einer Uhr mit Datumsanzeige zu beachten hatte.

Die Datejust war auch das erste der klassischen, langlebigen Rolex-Modelle, das nicht mit Blick auf eine bestimmte Sportart oder Aktivität entwickelt wurde. Tatsächlich schien Rolex erst in

January, 1949
21
The Gift of Time.. Always
The Rolex "Jubilee" .. superb gem of the Swiss watch craftsman's skill .. is without peer to commemorate the rare occasion .. It is the first and only waterproof, self-winding wrist chronometer* to give the second .. the minute .. the hour .. the date. Individual numerals appear .. clearly .. through a small aperture .. which focuses on the daily change, without a distracting extra hand. • Encased in a design of individual elegance, it combines masculine beauty with the ultimate in technical ingenuity. Comes in a magnificent leather utility gift package.
The $1,000 "Jubilee"
ROLEX
Masterpiece of Watch Craftsmanship
*A watch may be truly termed a chronometer after it has been certified by an Official Observatory Test made in five positions... and two temperatures. Every Rolex Chronometer is accompanied by an official certificate attesting to these facts.
At Christmas..Graduation..Anniversaries..for the favored associate or retiring executive..this rare gift is a heritage of pride. The incomparable wrist chronometer, its companion the Oyster Perpetual, and exquisite ladies' model illustrated, are available at exclusive jewelers only.
THE AMERICAN ROLEX WATCH CORPORATION 580 Fifth Avenue, New York 19, N. Y.

ROLEX
OYSTER PERPETUAL
DATEJUST
6
SWISS MADE

GEGENÜBER Diese Datejust von 1983 besitzt nicht nur ein seltenes Tapisserie-Zifferblatt – ein graviertes Zifferblatt –, sondern zeigt auch das von Sammlern geliebte »tropische« Verblassen.

den 1950er-Jahren von der Langlebigkeit dieser Kreation überzeugt genug zu sein, um den Schriftzug »Datejust« auf das Zifferblatt zu drucken. Die Datejust verfügte bereits über ihre charakteristische gezackte Lünette und war das Debüt eines neuen, fünfteiligen Armbandes für Rolex, das Jubilee genannt wurde – ein Name, der auch für das Uhrenmodell selbst in Erwägung gezogen wurde. Abgesehen von Variationen bei Größe oder Kaliber war die einzige bedeutsamere Schönheitskorrektur der Datejust drei Jahre nach ihrer Erfindung die Einführung der Cyclops-Datumslupe im Jahr 1957 – angesichts des Modellnamens eine durchaus sinnvolle Ergänzung.

Die Datejust sollte ihre lebenslange Fangemeinde haben; Harrison Ford zum Beispiel wurde häufig mit seiner Uhr fotografiert, sowohl in seinen Rollen als auch abseits des Filmsets. In den Anfangsjahren war Rolex jedoch bestrebt, die neue Uhr – zu diesem Zeitpunkt ganz gezielt als »Lifestyle«- oder Allzweckmodell – mit Persönlichkeiten in Verbindung zu bringen, die ganz allgemein als wegweisend gelten konnten.

David Sarnoff, der während des Zweiten Weltkriegs im Kommunikationsstab von Dwight Eisenhower diente und später Radio Free Europe und dann das Farbfernsehnetz der USA aufbaute, war einer derjenigen, die Rolex in Werbeanzeigen mit der Datejust in Verbindung brachten. Und in Anzeigen aus den frühen 1990er-Jahren wird Richard Adams, der Archäologe, der die antike Maya-Stadt Rio Azul entdeckte, mit der Bemerkung zitiert, dass jemand, der an so abgelegenen Orten arbeitet, »sich auf die Ausrüstung verlassen können muss, die er zu einer Ausgrabung mitnimmt«.

Dass solche Namen weitgehend aus der Geschichte verschwunden sind – zumindest verglichen mit den Staatsmännern und Sportgrößen, zu denen Rolex ebenfalls Beziehungen unterhielt –, spricht für den im Grunde ruhigen, bescheidenen Charakter der Datejust, die in den Bewertungen von Rolex' »größten Hits« oft beiseitegeschoben wird, obwohl sie einer der größten Verkaufsschlager des Unternehmens ist.

Michael Caine
en
GET CARTER
con Ian Hendry John Osborne
y Britt Ekland
Director: Mike Hodges
Guion: Mike Hodges
Basada en la novela
"Jacks's Return Home"
de Ted Lewis
Producida por
Michael Kinger
METROCOLOR
MGM
DISTRIBUIDA POR:
Cinema International Corporation

GEGENÜBER Im Film *Jack rechnet ab* von 1971 symbolisierte die Datejust, die Michael Caine trug, dass er in London »Gutes getan« hatte, bevor er in seine Heimatstadt im Norden zurückkehrte, um seinen Bruder zu rächen.

RECHTS Der Schauspieler Harrison Ford, hier im Jahr 1984, ist lebenslanger Fan der Datejust – er trägt sie offenbar sogar beim Tischlern.

MARDI
ROLEX
OYSTER PERPETUAL
21
SWISS

GEGENÜBER Eine seltene Day-Date mit römischem Zifferblatt. Wie die in Französich gehaltene Tagesangabe andeutet, produzierte Rolex das Modell für verschiedene internationale Märkte.

UNTEN Die Day-Date war die erste Armbanduhr, die, wie der Name schon sagt, sowohl den Wochentag als auch das Datum anzeigte.

## DAY-DATE

Das erste Patent für eine Uhr, die sowohl den Wochentag als auch das Datum in separaten Fenstern anzeigte, meldete Rolex 1950 an, wobei der Entwurf dem Rolex-Mitarbeiter Marc Huguenin zugeschrieben wurde. Sechs Jahre später – und nach weiteren Patentanmeldungen – wurde schließlich eine Uhr, deren Funktion über die Anzeige von Stunden und Minuten hinausgeht, vorgestellt.

Es war nicht nur das Display, das die Day-Date unverwechselbar machte. Während die Hauptarmbänder von Rolex – das breite Oyster-Armband mit drei Gliedern und das Jubilee-Armband mit fünf – bei vielen Modellen verwendet wurden und dazu beitrugen, Rolex-Uhren einzigartig zu machen, wies die Day-Date ein eigenes Design auf, das seither weitgehend exklusiv für dieses Modell verwendet wird. Es handelt sich um ein dreiteiliges Gliederarmband mit halbrunden Gliedern und einer verdeckten »Kronenschließe« in Form des Rolex-Logos. Und es wird ausnahmslos aus Edelmetall hergestellt.

Im darauffolgenden Jahr wurde eine leicht aktualisierte Version der Day-Date zur ersten Uhr von Rolex, die den Schriftzug »Superlative Chronometer Officially Certified« auf dem Zifferblatt trug – ein Zusatz, der auf vielen späteren Rolex-Modellen erscheinen sollte. Tatsächlich waren die Anforderungen bei dem Test doppelt so hoch wie bei dem für dieses Zertifikat erforderlichen Standard.

Aber noch eine andere, inoffizielle Bezeichnung wird mit der Day-Date in Verbindung gebracht: Sie ist als *The President* bekannt, und sogar das Armband selbst wird als *The President Bracelet* bezeichnet. Diesen Spitznamen erhielt das Modell, weil es von so vielen US-Präsidenten getragen wurde – allerdings nicht von Dwight D. Eisenhower, der bei der Datejust blieb, die Rolex ihm 1951 zum Gedenken an seine Leistung als Oberbefehlshaber der alliierten Streitkräfte im Zweiten Weltkrieg schickte. Im darauffolgenden Jahr trug er sie deutlich sichtbar für ein Porträt auf dem Cover von *Life,* damals einer der meistgelesenen Zeitschriften der Welt. Später musste er die Uhr jedoch zur Reparatur zurückgeben, weil sie anfing nachzugehen – das führte er darauf zurück, sie zu häufig beim Golfspielen getragen zu haben.

Rolex wusste natürlich, dass diese wachsende Verbindung zum Oval Office pures Werbegold war, reagierte aber eher zurückhaltend. In einer Werbung von 1956 – während Eisenhowers Präsidentschaft – wurde er mit seiner Uhr von hinten abgebildet, ohne explizit zu nennen, um wen es sich handelte. »Weil [diese Männer] so wichtig sind, sind sie zwangsläufig die bekanntesten Männer der Welt«, hieß es in der Anzeige. »Wir können ihre Namen nicht nennen. Es steht uns nicht zu, denn unter ihnen sind Mitglieder von Königshäusern, Staatsoberhäupter, große Politiker, Militärführer – die Menschen, die den Puls unserer Zeit fühlen. Aber wenn Sie das nächste Mal ein Foto von ihnen sehen, sollten Sie auf etwas achten, das Sie normalerweise nicht bemerken: die Uhr an ihrem Handgelenk.«

Die Botschaft ist klar: Die Mächtigen der Welt entscheiden sich für Rolex. In späteren Versionen der Anzeige hieß es, Rolex könne nicht einmal ein Foto dieser Männer veröffentlichen, geschweige

GEGENÜBER Die Marke Rolex ist seit Langem mit dem US-Präsidentenamt verbunden, insbesondere durch das Modell Day-Date, und wurde von Persönlichkeiten wie Ronald Reagan geschätzt.

GEGENÜBER Präsident Dwight D. Eisenhower mit der Datejust, die er anlässlich seiner Funktion als Oberster alliierter Befehlshaber im Zweiten Weltkrieg erhielt.

UNTEN Eine seltene Day-Date aus dem Jahr 1991 mit diamantbesetzter Lünette mit »Rindeneffekt« und passendem »Rinden«-Präsidenten-armband – vielleicht für auffälligere Staatschefs.

denn ihre Namen nennen. Oder es wurde zwar ein Foto abgedruckt, dann aber wurden mit Drucktechniken die Gesichter dieser Staats- und Regierungschefs unkenntlich gemacht. Doch mit Lyndon B. Johnson, der von 1963 bis 1969 US-Präsident war und große Stücke auf die Day-Date hielt, blieb die Verbindung bestehen. Dafür sorgte seine enorme Präsenz während des Aufkommens der globalen Massenmedien in jener Zeit. Die Verbindung zwischen der Day-Date und dem Oval Office war so eng, dass die Uhr quasi mit dem Job kam – Ronald Reagan trug das Modell ebenso wie Donald Trump; Letzterer schon, bevor er gewählt wurde.

Vielleicht war es die Ära Johnson, die Rolex dazu brachte, sich dem Thema zu öffnen – jedenfalls war es eine der Werbeanzeigen während seiner Amtszeit, die die Verbindung der Day-Date mit dem Präsidenten festigte. In Kampagnen der Werbeagentur J. Walter Thompson wurde nie direkt erwähnt, dass der US-Präsident das Modell trug. Stattdessen wurde eine Hand abgebildet, die einen roten Telefonhörer hielt – vielleicht die direkte Verbindung zum Kreml –, und dazu unverblümt erklärt, es handle sich um die »Uhr der Präsidenten«. Gerald Ford war der nächste Präsident, der eine Rolex trug, und der erste von vielen. Doch erst in den 1980er-Jahren begann Rolex selbst – immer noch ein wenig schüchtern –, die Uhr öffentlich als President Day-Date zu bezeichnen.

## EXPLORER

»Wir haben die Rolex Explorer gebaut, weil es auf dem Matterhorn keine Uhrenreparaturwerkstatt gibt«, heißt es in einer Werbung aus den 1970er-Jahren. »Das ist die Uhr, die wir für die einsamen Orte entwickelt haben.« In der Anzeige wird weiter erläutert, was die Explorer seinerzeit zu einem so robusten Utensil machte: Das Gehäuse ist aus einem einzigen Block schwedischen Stahls gefertigt, wodurch die Uhr nahtlos ist; sie wurde bei Temperaturen von –46 °C (–50 °F) bis 66 °C (150 °F) und unter Wasser bis zu einer Tiefe von 100 Metern (330 Fuß) getestet. Zudem überprüft das Schweizerische Institut für Chronometer 15 Tage und Nächte lang ihre Genauigkeit. »Wenn ein Bergsteiger sagt, die beste Uhr der Welt sei so robust wie das Alpenmassiv«, so eine andere Anzeige, »dann macht er keine Witze.«

Die 1950er-Jahre waren das goldene Zeitalter des Bergsteigens, und Rolex wollte daran teilhaben. 1952 rüstete das Unternehmen eine Reihe von Expeditionen mit 20 Oyster-»Bubbleback«-Uhren aus – so genannt wegen ihres bauchigen Gehäusebodens, in dem das damals typisch dicke Automatikwerk untergebracht war. (Diese Uhren werden manchmal auch als *Ovettone* bezeichnet, ein italienischer Ausdruck, der sich grob mit »großes Ei« übersetzen lässt.)

Zu diesen Expeditionen gehörten – als Vorbereitung auf den Mount Everest – Besteigungen des Cho Oyu, eines etwa zwanzig Kilometer vom Everest entfernten Berges. Unter den Bergsteigern waren Alfred Gregory, Charles Evans und, am berühmtesten, der Neuseeländer Edmund Hillary, der im folgenden Jahr zusammen mit Tenzing Norgay als Erster den Gipfel des höchsten Berges der Welt erreichen sollte.

Entgegen aller Mythenbildung – und Mythen tragen dazu bei, die Attraktivität vieler Uhren von vielen Herstellern zu steigern – trug Hillary auf dem Gipfel seine Oyster-Uhr nicht. Er mag sie bei sich gehabt oder im Basislager zurückgelassen haben; die Aufzeichnungen sind nicht eindeutig. Mit ziemlicher Sicherheit trug er eine Uhr des britischen Uhrenherstellers Smiths. Um die Sache

GEGENÜBER Die weniger bekannte Rolex Explorer II mit weißem Zifferblatt, die sogenannte »Polar«-Edition, hier mit Leuchtmasse in voller Wirkung.

ROLEX

ROLEX

zu verkomplizieren, setzte Hillary später seinen Namen unter eine Smiths-Werbung, in der er mit den Worten zitiert wird: »Ich habe deine Uhr zum Gipfel getragen. Sie hat perfekt funktioniert.« Er trug sie zwar, aber nicht unbedingt am Handgelenk …

Zu jenem Zeitpunkt war Rolex jedoch bereits dabei, weitere Verbesserungen an dem noch unbenannten Prototyp der »Prä-Explorer«-Oyster vorzunehmen. So wurde ein dreiteiliges Gehäuse eingeführt, das das Glas sicherte und zusammen mit einer verschraubten Krone die Wasserdichtigkeit ermöglichte: eine notwendige Verbesserung, da sich herausstellte, dass die Bubblebacks Feuchtigkeit eindringen ließen. Es folgten weitere Änderungen, die den später prägenden Stil vorbereiteten: ein 3-6-9-Zifferblatt, das umgekehrte Dreieck bei 12 Uhr, Mercedes- statt Bleistiftzeiger und schließlich der Zusatz »Explorer« auf dem Zifferblatt. Möglicherweise wurde dieser Name gewählt, weil Smiths bereits ein Everest-Modell auf den Markt gebracht hatte.

1956 wurde die Explorer durch ein verbessertes Uhrwerk flacher: das Kaliber 1030, das erste, das Rolex (fast) vollständig selbst herstellte. 1963 wurde das für die Leuchtkraft der Zifferblattmarkierungen verwendete Material Radium durch Tritium ersetzt – wie bei allen Rolex-Uhren –, nachdem die Radioaktivität des Radiums als gesundheitsschädlich erkannt worden war.

Das war jedoch weder das Ende des Explorer-Modells noch der Bezeichnung Explorer. 1971 ließ Rolex der Explorer die Explorer II folgen – mit ihrem unverwechselbaren 24-Stunden-Pfeilzeiger in Orange, der AM/PM und (bei späteren Versionen) eine zweite Zeitzone anzeigt. Die Uhr wurde mit Blick auf Höhlenforscher entwickelt – daher die leuchtenden Markierungen im Abstand von jeweils fünf Minuten, die in völliger Dunkelheit hilfreich sind. Tatsächlich aber wurde die Explorer eng mit einem anderen legendären Bergsteiger verbunden, dem Italiener Reinhold Messner, der als erster Mensch den Mount Everest ohne Sauerstoff bestieg.

»1953 verwendeten sie die Rolex Oyster und Sauerstoff«, heißt es in einer Rolex-Werbung, wobei die Details etwas verwischt

GEGENÜBER
Bemerkenswert ist, dass Vintage-Uhren bei Auktionen beträchtliche Summen erzielen, obwohl sie sich in einem sichtbar schlechten Zustand befinden – wie diese Explorer II von 1978.

RECHTS Der legendäre Bergsteiger Reinhold Messner macht 1991 eine Pause in Italien. Er bevorzugte in der Regel eine Rolex Quartz.

werden. »1978 kamen sie ohne Sauerstoff aus.« Allerdings ist auch hier unklar, ob Messner die Explorer II auf dem Gipfel tatsächlich trug. Möglicherweise trug er sogar eine Rolex Oysterquartz – aus der etwa 25-jährigen Zeit nach 1970, in der Rolex Uhren mit Quarzwerk herstellte –, die er ebenfalls schätzte.

Die Explorer II wird auch häufig mit Steve McQueen in Verbindung gebracht. Es gibt keinen Beweis dafür, dass der Schauspieler jemals eine getragen hat.

## SUBMARINER

Die Rolex Submariner ist wahrscheinlich die am häufigsten kopierte Uhr aller Zeiten, so bedeutsam ist ihr Status als Designikone – nicht zuletzt deshalb, weil sie das Modell ist, das im Laufe der Jahre die wenigsten Schönheitskorrekturen erfahren hat. Im Wesentlichen wurden ihr nur Mercedes-Zeiger und ein Kronenschutz hinzugefügt. Kein Wunder, dass sie »über ein Image verfügt, das von keiner anderen Uhr übertroffen wird«, wie es der Testpilot und NASA-Astronaut Scott Carpenter ausdrückte, einer der Mercury Seven.

Die 1953 entwickelte und im folgenden Jahr auf den Markt gebrachte Submariner bot eine Funktionalität, die zwar heute alltäglich ist, für die damalige Zeit aber bahnbrechend war. Natürlich

LINKS Die früheren Rolex Submariner waren nur bis zu einer Tiefe von 100 Metern (330 Fuß) ausgelegt. Mit verbesserter Technologie wurde dies später auf 200 Meter (660 Fuß) erhöht, wie bei diesem Modell, und später auf den Standard von 300 Metern (984 Fuß).

ROLEX
SUBMARINER
1000ft = 300m
SUPERLATIVE CHRONOMETER
OFFICIALLY CERTIFIED
SWISS MADE

musste die Uhr bis zu einer Tiefe von hundert Metern wasserdicht sein, aber sie verfügte auch über einen, wie Rolex es nannte, »revolutionären Zeitmesser«, heute besser bekannt als kalibrierte Lünette: Sie kann so gedreht und eingestellt werden, dass der Nullpunkt mit dem Minutenzeiger übereinstimmt und damit die verstrichene Zeit unter Wasser angezeigt wird – eine wichtige Voraussetzung für die Zeitmessung bei Dekompressionsphasen, um die »Taucherkrankheit« zu verhindern. Rolex zufolge bot die Submariner »alle Vorteile einer Stoppuhr ohne deren Komplikationen«.

Die Idee für die Uhr soll von René-Paul Jeanneret stammen, Kommunikationsdirektor von Rolex und begeistertem Taucher. Dies geschah zu einer Zeit, als Tauchen noch sehr speziell war – erst ein Jahrzehnt zuvor, im Jahr 1942, hatten Jacques Cousteau und Émile Gagnan die Aqua Lung erfunden, ein Atemsystem, das wesentlich längere Aufenthalte unter Wasser ermöglichte als zuvor. Eine Rolex-Werbung aus dieser Zeit bezieht sich auf das »neu entdeckte Fieber [des] ›Sporttauchens‹«.

Zur Erprobung von Jeannerets Idee wurde der Prototyp einer Uhr, der Deep Sea Special, an der Seite der Trieste befestigt, des Tauchboots des Wissenschaftlers und Tiefseeforschers Jacques Piccard. Die Uhr wurde bis auf fast 3.132 Meter (10.275 Fuß) hinabgelassen und nach ihrer Rückkehr auf ihre Funktionsfähigkeit überprüft. Sie war in einwandfreiem Zustand. Dies führte zu einer längeren Testreihe in geringerer Tiefe durch das Institut für Tiefseeforschung in Cannes, das buchstäblich alle Register zog. Der Prototyp wurde zum Beispiel mit herausgezogener Krone ins Wasser getaucht – trotzdem drang kein Wasser ein, und die Uhr tickte weiter. Sie wurde sogar erfolgreich 20 Meter (65 Fuß) unterhalb ihres Nennwiderstandes getestet.

Die Submariner – für die zunächst sowohl »Skin Diver« (»Sporttaucher«) als auch »Sub-Aqua« als Namen in Betracht gezogen wurden – war nicht die erste Taucheruhr. Es gab die Omega Marine von 1932, die erste im Handel erhältliche Uhr dieser Art, und kurz darauf die nur für das Militär bestimmte Radiomir von Panerai, die

GEGENÜBER Wie sonst sollte man diese Submariner mit dem auffälligen lila-blauen Zifferblatt und der Lünette nennen? Königlich? Azurblau? Nein, »Schlumpf« natürlich …

GEGENÜBER Auf die Details kommt es an: Diese Big Crown Submariner von 1958 ist umso seltener, als sie ein rotes Dreieck, einen vierzeiligen Schriftzug und eine übergroße Krone aufweist.

UNTEN Die Rolex Deep Sea Special, die bis auf den Grund des Marianengrabens in eine Tiefe von 11.000 Metern vordrang und einem Druck von 7 Tonnen standhielt.

von Rolex hergestellt wurde. Auch war die Submariner nicht die erste Uhr, die auf diese neue Ära des Tauchens reagierte: Blancpain lancierte das Modell Fifty Fathoms nur wenige Monate vor Rolex' Submariner. Blancpain hielt auch das Patent für die unidirektionale Lünette – eine Lünette, die lediglich in eine Richtung gedreht werden kann, sodass sie bei einer versehentlichen Bewegung nur anzeigt, dass der Taucher weniger Zeit als gedacht hat.

Doch Rolex hatte den Vorteil, das Patent für eine Aufzugskrone mit spezieller Dichtung – die sogenannte Twinlock-Krone – zu besitzen, die praktisch garantierte, dass kein Wasser ins Innere des Uhrwerkes gelangen konnte. Und zumindest, was den Bekanntheitsgrad und die Außenwirkung anbelangt, wurde Rolex auch von einem James Bond unterstützt, der dafür sorgte, dass die Submariner für die vielen Kunden vom Land eher als stylishes Accessoire angesehen wurde. Als Rolex 1974 eine Datumsfunktion hinzufügte, gestand man das indirekt ein: Für professionelle Taucher ist es selten von Belang, das aktuelle Datum zu wissen.

ROLEX
SUBMARINER
10
20
30
40
50

## DAYTONA

Unterschiedliche Menschen finden unterschiedliche Rolex-Uhren attraktiv. Aber unter den Sammlern, insbesondere denjenigen, die Uhren als Investition sammeln und darauf hoffen, eines Tages damit Geld zu verdienen, gehört die Cosmograph Daytona zu den begehrtesten – es gibt eine lange Warteliste für diejenigen, die eine kaufen wollen. Und das, obwohl Rolex jahrzehntelang so gut wie nichts unternahm, um das Modell zu bewerben.

GEGENÜBER Die Nachfrage nach der Rolex Daytona war anfangs so gering, dass sie regelmäßig als Rennpreis vergeben wurde – hier erhält Pedro Rodriguez eine Uhr für den Gewinn des 3-Stunden-Rennens von Daytona im Jahr 1963.

Unglaublich, dass Rolex die Bewerbung der Uhr mehr oder weniger aufgab, nachdem die Verkäufe so weit zurückgingen, dass das Modell praktisch vom Markt genommen wurde. Doch unerwartete Ereignisse machten die Werbung überflüssig: Die Referenz 6239 Daytona war schlichtweg zum Mythos geworden. Und das, bevor die Daytona des Schauspielers Paul Newman den Weltrekord für den Verkaufspreis einer Uhr bei einer Auktion aufstellte (den sie zum Zeitpunkt der Erstellung dieses Textes immer noch hält).

Die Daytona war ein Symbol für die Beziehung von Rolex zu Rennwagen – eine Beziehung, die sich, angesichts des gemeinsamen Schwerpunktes auf mechanische Komplexität, für Uhren und Automobiltechnik schon lange anbot. Die Präzision, die beides erforderte, war etwas, das Hans Wilsdorf sehr bewunderte, insbesondere bei deutschen Autos, die damals für ihre technische Exzellenz bekannt waren: Für den Großteil seines Lebens nutzte er einen Mercedes mit Chauffeur und wollte trotz aller Überredungsversuche von Rolls-Royce nicht von seiner Loyalität zu diesem Autohersteller abweichen.

Einer der ersten Schritte des Unternehmens in Richtung Werbung mit prominenter Unterstützung war zudem die Zusammenarbeit mit Malcolm Campbell, nachdem dieser 1935 einen Landgeschwindigkeitsrekord aufgestellt hatte. Fünf seiner neun Geschwindigkeitsrekorde zwischen 1924 und 1935 stellte Campbell in Daytona Beach in Florida auf, was sicherlich den Grundstein für den Namen der zukünftigen Uhr legte.

Auch wenn Campbell seine Aktivitäten für seine letzten Landgeschwindigkeitsrennen nach Utah verlagerte, blieb Daytona Beach doch das Zentrum des amerikanischen Rennsports, zumindest für die Wintersaison. Das erste Stockcar-Rennen wurde 1936 in Daytona ausgetragen. 1938 übernahm der Rennfahrer William France als Präsident der NASCAR die Standortleitung – und erschien anschließend in der Werbung für die Rolex Zephyr aus Edelstahl und Gold.

GEGENÜBER Der Schauspieler Paul Newman mit einem seiner Lieblings-Daytona-Modelle, das 2017 für fast 18 Millionen Dollar versteigert wurde, was den Weltrekord für den höchsten Preis, den je eine Uhr bei einer Auktion erzielte, darstellte.

Doch vor der Rolex Daytona gab es den Oyster Chronograph aus Edelstahl, ein Modell, das Rolex später Cosmograph nennen sollte. Die manuelle Version mit der Referenznummer 6234 wurde nur zwischen 1955 und 1961 hergestellt und gilt heute als Vorläufermodell der automatischen Daytona. Die Uhr war ein Prachtstück und trug dem wachsenden Interesse am Rennsport Rechnung, auch wenn die Namensgebung verwirrend war – Rolex nannte seinen Chronografen auch Cosmograph, und ab 1962 gab es Versionen der Daytona mit und ohne »Daytona«-Aufdruck auf dem Zifferblatt.

Und es gibt noch mehr Verwirrung: 1964 schien es, als wolle Rolex die Uhr in Le Mans umbenennen, in Anlehnung an das berühmte französische 24-Stunden-Langstreckenrennen. Anfang 1965 nannte man das Modell dann nur noch Rolex Cosmograph – »eine hochpräzise Herrenuhr und eine Präzisions-Stoppuhr … für den Sportbegeisterten und den Geschäftsmann«, wie es in einer Werbeanzeige in jenem Jahr hieß –, Ende des Jahres nannte man es wieder Daytona, »nach der internationalen Rennstrecke, auf der Rolex der offizielle Zeitmesser ist«. »Daytona«, so schien es, sollte sich schließlich durchsetzen.

Doch trotz all dieser Veränderungen war es Paul Newmans Verbindung mit der Daytona, die das Ansehen des Modells wiederbelebte und es zum Heiligen Gral für Vintage-Rolex-Fans machte. Newman bekam seine erste Daytona von seiner Frau Joanne Woodward geschenkt. »Fahr vorsichtig, Ich« war auf dem Gehäuseboden eingraviert, und dass er in den folgenden 15 Jahren regelmäßig mit dieser Uhr bei Rennen fotografiert wurde, steigerte den Bekanntheitsgrad und die Begehrlichkeit des Modells nur noch weiter.

1984 schenkte Newman seine Daytona – die später den Rekord bei einer Versteigerung aufstellte – einem Glückspilz namens James Cox, dem Collegefreund seiner Tochter Nell. 33 Jahre später übergab Cox die Uhr dem Auktionshaus Phillips zum Verkauf und versprach, einen Teil des Erlöses für philanthropische Zwecke zu Ehren Newmans zu spenden.

RECHTS NASA-Astronaut Jack Swigert – berühmt geworden durch Apollo 13 – trägt eine seltene *root beer* GMT-Master. Auch viele andere Astronauten wählten dieses Modell.

## GMT-MASTER

»Gleichzeitig – Ortszeit an zwei beliebigen Orten der Welt«, so lautete die einfache Prämisse von Rolex für seine GMT-Master. Die 1955 eingeführte Uhr im Submariner-Stil war dank des Beitrags zweier »weltbekannter« Luftfahrtunternehmen mit einem zweiten Stundenzeiger ausgestattet, der eine zusätzliche Zeitzone anzeigen konnte. Oder zumindest eine, die eine bestimmte Anzahl voller Stunden entfernt lag. Ziele, zu denen der zeitliche Abstand zum Beispiel mehrere volle und eine halbe Stunde betrug, erforderten zusätzliches Kopfrechnen.

Dennoch wurde das Modell als offizieller Zeitmesser der amerikanischen Fluggesellschaft Pan Am – der ersten Airline, die einen internationalen Flugdienst anbot – ausgewählt. Denn, wie es in einer Anzeige von 1955 hieß: »Der Ruf einer Fluggesellschaft hängt von ihrer gut funktionierenden Flugplanung ab – deshalb haben wir uns für Rolex entschieden.«

Einer vermutlich nicht wahren Geschichte zufolge sollen die Führungskräfte von Pan Am eine exklusive Version der GMT-Master mit weißem Zifferblatt erhalten haben – Rolex stellte manchmal Prototypen mit weißem Zifferblatt her, aber eine GMT-Master mit weißem Zifferblatt wurde nie auf den Markt gebracht –, während die Piloten die Uhren mit dem schwarzen Standardzifferblatt erhielten.

William »Pete« Knight, der Pilot der United States Air Force und spätere NASA-Astronaut, der 1967 in seiner X-15a – im Grunde eine Rakete mit Stummelflügeln – den Geschwindigkeitsrekord von Mach 6,7 im Horizontalflug aufstellte, entschied sich

UNTEN
Wenngleich Rolex' »Toolwatches« in erster Linie funktional sein sollen, bleibt immer noch Raum für gestalterische Verschönerungen – wie bei dieser 2019er GMT-Master II mit Meteoritenzifferblatt.

ROLEX
OYSTER PERPETUAL DATE
28
GMT-MASTER II
SUPERLATIVE CHRONOMETER
OFFICIALLY CERTIFIED
SWISS MADE

GEGENÜBER
Rolex-Fans geben den Uhren des Unternehmens oft inoffizielle Namen. Hier die GMT-Master II »Batman«, so genannt wegen ihrer blau-schwarzen Lünette.

ebenfalls für die Version mit schwarzem Zifferblatt, ebenso wie Wally Schirra, der Mercury- und Apollo-Astronaut.

Auch wenn die Omega Speedmaster die Uhr ist, die am engsten mit der NASA in Verbindung gebracht wird – sie hat verschiedene Prüfungen bestanden, um von der Behörde offiziell für ihre Besatzungen und insbesondere für die Mondmissionen angenommen zu werden –, lässt sich doch leicht belegen, dass die erste Wahl der Astronauten dennoch die GMT-Master war. Jack Swigert und Jim Lovell, berühmt geworden durch Apollo 13 – »Houston, wir haben ein Problem« –, trugen die Uhr ebenso wie alle Astronauten der Apollo-14-Mission. Edgar Mitchell trug sogar zwei – eine davon, so sagte er, während eines Mondspazierganges, der mit über neun Stunden einen neuen Rekord aufstellte. Ron Evans und Eugene Cernan, die Astronauten von Apollo 17, der (bisher) letzten Mondmission, trugen ebenfalls jeweils eine GMT-Master. In Anbetracht all dessen lässt sich schwer leugnen, dass die Rolex-Uhr ebenso Teil der Weltraumgeschichte ist wie die Speedmaster.

Auch bodenständigere Entdecker entschieden sich für die GMT-Master. Tom Sheppard zum Beispiel setzte bei seiner ersten großen Wüstenexpedition im Jahr 1967 auf das Modell und ebenso 1975, als er eine gemeinsame Expedition der Streitkräfte durch die Sahara von Westen nach Osten leitete, einschließlich der ersten Durchquerung des damals noch unerforschten »Empty Quarter«, der Wüstenregion El Djouf in Mauretanien. Thor Heyerdahl und seine Crew trugen die GMT-Master bei seinen experimentellen Segeltörns in den 1970er-Jahren, bei denen er testete, ob mit historischen Bootsbaumethoden – zum Beispiel unter Verwendung von Papyrusschilf – die von einigen Historikern für unmöglich gehaltenen transozeanischen Reisen gelingen konnten. Und auch Jeff MacInnis' Wahl fiel auf eine GMT-Master, als er die Nordwestpassage im Jahr 1991 erstmals durchsegelte.

Natürlich waren die meisten Fans des Modells keine Entdecker dieses Kalibers. Ein großer Teil des Reizes der GMT-Master war schon immer ihr unverwechselbares und viel kopiertes Aussehen.

Die Uhr war zwar nicht die erste Uhr, die zwei Zeitzonen anzeigte – das war die Glycine Airman –, doch sie war auf jeden Fall schon von Weitem erkennbar. Das verdankte sie ihrer unverwechselbaren zweifarbigen Lünette in Rot und Blau – von Sammlern »Pepsi« genannt, in Anlehnung an die von der Getränkefirma verwendeten Farben – oder der späteren »Coke«-Variante in Rot und Schwarz. (Rolex schuf auch eine »Espresso«-Version mit einer Submariner-ähnlichen, komplett schwarzen Lünette und eine schwarz-blaue Version, die von Sammlern schnell »Batman« genannt wurde.)

Das trug dazu bei, dass sich Dizzy Gillespie, der sie dreißig Jahre lang stolz trug, Che Guevara und Fidel Castro, Marlon Brando und Clint Eastwood für diese Uhr entschieden. Eastwoods seltene Version im hellbraunen Farbton *root beer* ist seine eigene, die aber auch in mehreren Filmen zu sehen war. Und wie auf dem

GEGENÜBER Diese GMT-Master II von 1999 hat eine Coke-Lünette (wie Coca-Cola) in Schwarz und Rot – im Gegensatz zur »Pepsi« in Blau und Rot.

UNTEN Selbst Verfechter des Kommunismus wissen eine Rolex zu schätzen. Kubas Revolutionsführer Fidel Castro trug gelegentlich gleich zwei auf einmal.

ROLEX
OFFICIALLY CERTIFIED
SWISS – T < 25

Bildschirm, so auch jenseits davon: In den 1980er-Jahren gab Tom Selleck als *Magnum* der Uhr die Chance, sogar die andere Designikone der Serie, einen Ferrari 308 GTS, in den Schatten zu stellen.

## MILGAUSS

Das eine ist, eine Uhr vor Staub oder Wasser zu schützen. Der Kontakt mit beiden ist nicht gut für das Uhrwerk einer mechanischen Uhr. Aber es gibt eine unsichtbare Kraft, die noch weit mehr Schaden anrichten kann, wenn sie stark genug ist: Magnetismus. Es wäre also nicht ratsam, zum Beispiel am CERN – der 1954 in Genf gegründeten Europäischen Organisation für Kernforschung – eine normale mechanische Uhr zu tragen. Und das vor allem in jüngerer Zeit. Denn dort befindet sich nun der hundert Tonnen schwere

UNTEN Der Blitzableiter-Sekundenzeiger, die Dauphine-Stunden- und Minutenzeiger, das mosaikartige Zifferblatt und die Indizes im Art-déco-Stil: Für ein wissenschaftliches Utensil waren einige Versionen der Milgauss reichlich verziert.

ATLAS-Trommelmagnet, der 2006 in Betrieb genommen wurde und der größte bisher gebaute supraleitende Magnet ist. Umgekehrt könnte das CERN aber auch genau der Ort sein, an dem man eine Uhr braucht, die so konstruiert wurde, dass sie ihr Uhrwerk vor dem Einfluss des Magnetismus schützt – eine Uhr wie die Milgauss von Rolex.

Die Milgauss war ursprünglich eine Uhr in sehr begrenzter Auflage – von der ersten Version wurden weniger als hundert Exemplare hergestellt – und wurde im Gründungsjahr des CERN eingeführt. In den ersten beiden Jahren gab es Versionen mit oder ohne drehbare Lünette im Stil der Submariner sowie mit oder ohne Staubschutzdeckel im Gehäuseboden. Nur die Versionen von 1956 hatten das, was zu ihrem Markenzeichen werden sollte: einen Sekundenzeiger in Form eines Blitzes.

Während die meisten mechanischen Uhren in Magnetfeldern von bis zu sechzig oder siebzig Gauß gut funktionieren, wurden alle Milgauss-Modelle für Magnetfelder von bis zu tausend Gauß entwickelt – der nach dem Physiker Carl Friedrich Gauß benannten Einheit für die magnetische Induktionsstärke eines Objektes. Diese Eigenschaft der Uhr war optimal für Personen, die in bestimmten wissenschaftlichen, technischen oder medizinischen Bereichen tätig waren. Der Begriff »Milgauss« entstand aus der Kombination der Begriffe *mille* – französisch oder italienisch für »tausend« – und *Gauß*.

Die 1950er-Jahre galten damals als ein neues wissenschaftliches Zeitalter, »in dem die Rakete, der Satellit in der Umlaufbahn und sogar Reisen zum Mond alltägliches Gesprächsthema sind«, so Rolex, und dies war die Uhr für die Pioniere jener Zeit. Die Uhr, so heißt es stolz, »wurde in den Forschungslabors eines führenden Elektronikunternehmens in Philadelphia eingehend getestet«. Andere Uhrenhersteller – IWC, Omega, Jaeger-LeCoultre, Patek Philippe – brachten im Laufe des Jahrzehnts ihre eigenen antimagnetischen Uhren auf den Markt.

Tausend Gauß sind relativ gesehen nicht besonders stark: Ein Kernspintomograf, der die stärksten Magneten im regulären

RECHTS Die früheren Milgauss-Modelle übernahmen die Lünette im Stil der Submariner. Das sollte den Wissenschaftlern, an die sie sich richteten, exakte Zeitangaben ermöglichen.

GEGENÜBER Die Milgauss wurde immer wieder eingestellt, ist aber mit ihrer zweifarbigen Luminanz und dem blitzenden Sekundenzeiger eines der markantesten Rolex-Modelle.

Betrieb verwendet, hat 20.000 bis 70.000 Gauß. Aber Magnete mit einer Stärke im hohen dreistelligen Bereich sind in allen möglichen Sensoren, Motoren und Messgeräten zu finden. Der Schutz der Milgauss vor diesen Einflüssen beruht auf dem Prinzip des Faraday'schen Käfigs, der das Uhrwerk mit einem Drahtgeflecht umgibt und bei späteren Modellen das gesamte Uhrwerk in ein Drahtgeflecht innerhalb des Uhrengehäuses einschließt.

Die Milgauss war eine Uhr für Profis, so wie die Submariner eine Uhr für professionelle Taucher war. Doch während die Tiefenabdichtung auch für Laien interessant sein könnte, war der Schutz vor magnetischen Kräften zwangsläufig weniger alltagsrelevant. Obwohl Rolex die Milgauss mit Blick auf die Mitarbeitenden am CERN produzierte, verkaufte sie sich nie gut, und am Ende wurden Exemplare dieser Uhr sogar als Preis für die Gewinner der NASCAR- und Daytona-500-Rennen vergeben. Die Milgauss

ROLEX
OYSTER PERPETUAL
MILGAUSS
SUPERLATIVE CHRONOMETER
OFFICIALLY CERTIFIED
SWISS
MADE

ROLEX
GENEVE
Cellini
SWISS
MADE

wurde schließlich 1988 eingestellt, 2007 jedoch wieder eingeführt – mit einer bemerkenswerten zweifarbigen Lume (Leuchtmasse) und grün getöntem Glas – … und 2023 erneut eingestellt.

## CELLINI

Rolex ist seit den 1940er-Jahren vor allem als Hersteller von robusten, unverwüstlichen Uhren bekannt, die für einen bestimmten Zweck entwickelt und für eine lange Lebensdauer gebaut wurden. Mit der Cellini-Linie, benannt nach dem italienischen Goldschmiedemeister Benvenuto Cellini aus dem 16. Jahrhundert, führte das Unternehmen auch ein weniger bekanntes, aber dennoch erfolgreiches paralleles Dasein als Anbieter reiner Luxusobjekte – Ausdruck von Handwerk, Rohstoffen, Veredelung und Edelsteinbesatz statt von Zweckmäßigkeit oder Leistung, von Mode statt Funktionalität. Dass Rolex dieses Parallelleben führen konnte, war die Vision von André Heiniger, der 1963 die Nachfolge von Hans Wilsdorf als Generaldirektor von Rolex antrat. »Rolex«, so soll er gesagt haben, »ist nicht in der Uhrenbranche. Wir sind in der Luxusbranche.«

Eine von Heinigers ersten Taten bestand darin, das Talent des unabhängigen Uhrendesigners Gérald Genta für den Entwurf einer der markantesten Dresswatches von Rolex heranzuziehen: die 1964 eingeführte King Midas mit Handaufzug aus Gold. Genta entwarf im Laufe seiner Karriere zahlreiche Uhrenklassiker, darunter die Ingenieur von IWC, die Nautilus von Patek Philippe und die Royal Oak von Audemars Piguet. Auch die King Midas war ausgesprochen charaktervoll: ein schlichtes, raffiniertes Zwei-Zeiger-Zifferblatt, eingelassen in ein asymmetrisches, fünfeckiges, graviertes Gehäuse mit einer Aufzugskrone in Form einer stilisierten Sonne und einem minimalistischen Goldgliederband.

Sie war damals die am schwierigsten im Handel erhältliche Golduhr, die teuerste Rolex und die erste mit synthetischem Saphirkristallglas, das später in fast allen Rolex-Uhren zu finden sein würde. Allerdings war sie nicht wasserdicht – Elvis Presley beschädigte seine

GEGENÜBER Die Cellini-Linie von Rolex widerlegt den Ruf des Unternehmens, in erster Linie »Toolwatches« herzustellen, und die Ergebnisse, hier in 18 Karat Gold, sind zuweilen atemberaubend.

OBEN Rolex' Ruf als Hersteller robuster Sportuhren täuscht über das Talent des Unternehmens für klassische Armbanduhren hinweg, wie die Cellini-Linie zeigt.

King Midas, als er sie in der Badewanne trug. Nicht ganz passend zu seinem Leinwand-Image trug auch John Wayne eine King Midas, ebenso wie Francisco Scaramanga, der Bösewicht in dem James-Bond-Film *Der Mann mit dem goldenen Colt.*

Jake Ehrlich, ein inoffizieller, aber angesehener Historiker von Rolex-Uhren, hat argumentiert, dass Gentas Uhr vielleicht nicht als Cellini klassifiziert wurde – zumindest nicht von Anfang an. Doch ihre klare Abweichung von Rolex' üblichen Produkten war vermutlich die treibende Inspiration dafür, 1968 die vielfältige, wenn auch überschaubare Familie massiver Gold- und Platin-Dresswatches unter dem Namen Cellini einzuführen.

Diese Produktfamilie wurde zur Spielwiese experimenteller Designs. So brachte sie in den 1980er-Jahren die achteckige Cellini

Octagon oder in den 1990ern die Cellini Danaos im Vintage-Look hervor. Im Laufe der Jahrzehnte erhielt Rolex die Cellini-Linie zeitweise kaum noch am Leben, aber ihre Modelle wurden stets als eleganter, schnittiger und glänzender Gegenpol zu den Oyster-Gehäusen des Unternehmens begrüßt.

## SEA-DWELLER

Die Unterwasserabenteuer von Rolex, die in den frühen 1950er-Jahren mit der Submariner ihren Anfang nahmen, wurden in den 1960er-Jahren mit der Sea-Dweller fortgesetzt. 1960 wurde das gleiche Experiment mit der Submariner für ein weiteres Tiefseeabenteuer wiederholt, nur dass die Uhr diesmal an der Seite des Bathyskaph-Tiefsee-U-Boots Trieste auf den Grund des Marianengrabens hinabstieg, dem mit 11.000 Metern tiefsten Punkt der Erde. Es war das erste Mal, dass es

LINKS Unter Rolex-Sammlern ist eine Uhr mit dem Stempel der französischen Tiefsee-tauchgesellschaft COMEX, wie diese 1977er Sea-Dweller, besonders begehrt.

jemand bis auf den Grund des tiefsten Ozeans geschafft hatte. Auch in diesem Fall überlebte der Prototyp die Reise und wurde schließlich im Smithsonian in Washington, D. C. ausgestellt.

Die unglaubliche Reise sollte sich als Verkaufsargument für die Submariner erweisen, inspirierte aber auch die Entwicklung einer verbesserten Tiefsee-Submariner für spezielle Einsatzzwecke: das Modell, das später Sea-Dweller genannt wurde. Das lag nicht zuletzt an den SEALAB-Missionen, dem Versuch der US-Marine, ein Unterwasser-Äquivalent zu den Apollo-Mondmissionen zu schaffen. SEALAB-Mitglieder stellten fest, dass sich während der Dekompression Heliumgas im Inneren ihrer Submariner-Uhren ansammelte, das dazu führte, dass das Glas absprang – manche explodierten sogar.

Ein Mitglied des SEALAB-Teams, Bob Barth, schlug Rolex vor, eine Taucheruhr mit einem Heliumauslassventil zu entwickeln, um das zu verhindern. Die Uhr würde sich zeitgleich mit dem Taucher, der sie trug, der Dekompressionsprozedur unterziehen. Ab 1967 waren die ersten Sea-Dwellers, die aufgrund ihres einzeiligen roten Zifferblattschriftzugs *single red* genannt wurden, für eine größere Tauchtiefe als die Submariner zertifiziert (500 Meter im Gegensatz zu 200 Metern). Noch besaßen sie aber kein Heliumauslassventil, obwohl Rolex im selben Jahr ein entsprechendes Patent beantragt hatte.

Rolex rüstete jedoch einen Prototyp der Sea-Dweller mit einem Heliumauslassventil aus, das von Professor Ralph Brauer getragen wurde, dem führenden Forscher auf dem Gebiet der hyperbaren Sauerstoffbehandlung bei der Taucherkrankheit. Er leistete Pionierarbeit bei der Verwendung von Wasserstoff als Atemgas gegen das Zittern, das manchmal durch zu schnelle Dekompression verursacht wird – eine Studie, bei der er selbst als Versuchsperson fungiert hatte. Der geheimnisumwitterte Brauer leitete auch eine Abteilung des US-Militärs, die sich mit angewandter Nuklearforschung befasste – was ihn nicht daran hinderte, als einziger Amerikaner am Tiefseeprogramm der Sowjetunion teilzunehmen, wo er heimlich Fotos für die CIA machte.

GEGENÜBER *Double red* mag nur für eingefleischte Sammler von Bedeutung sein, aber für sie heben diese zwei Zeilen mit roter Zifferblatttypografie diese 1972er Sea-Dweller von allen anderen ab.

ROLEX
SEA-DWELLER
SUBMARINER 2000
2000 ft = 610 m
SUPERLATIVE CHRONOMETER
OFFICIALLY CERTIFIED

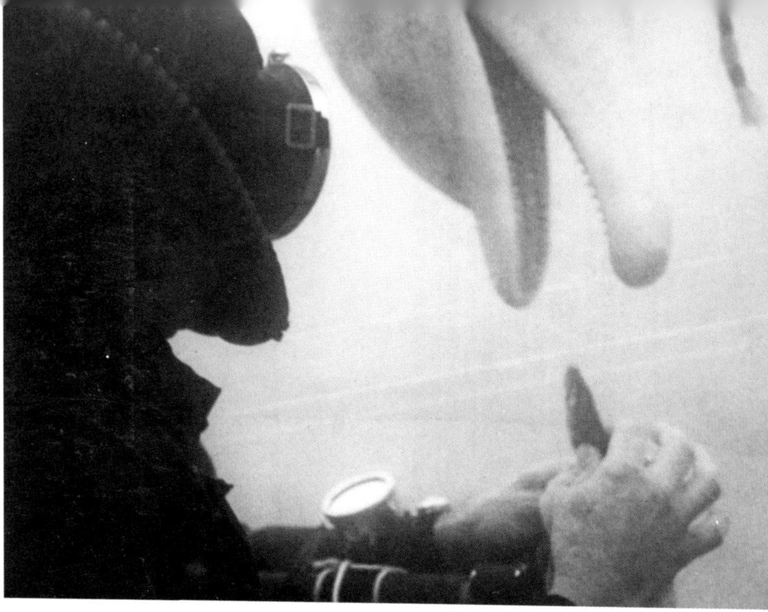

OBEN Die Zusammenarbeit von Rolex mit dem SEALAB-II-Projekt zur Erforschung der Tiefsee ermöglichte es dem Unternehmen, seine Uhren in realen Tauchszenarien zu testen.

Da Omega in den 1960er-Jahren zumindest offiziell die Uhren für das NASA-Raumfahrtprogramm zur Verfügung stellte, war Rolex umso mehr daran interessiert, die Welt der Tiefseetaucher und Ozeanauten für sich zu gewinnen. Tatsächlich trug Brauer die Uhr 1968 beim COMEX-Hydra-Projekt in Europa – COMEX ist ein französischer Tauchspezialist, mit dem Rolex häufig zusammenarbeitete –, obwohl das Unternehmen damals bei Omega unter Vertrag war. Brauer war jedoch nicht an einen solchen Vertrag gebunden. Da sich das Gasablassventil der von ihm getragenen Uhr als erfolgreich erwies, rüstete Rolex die 1967er *single red* Sea-Dwellers für die darauffolgende SEALAB-3-Habitat-Mission nach.

Es bedurfte einiger Verbesserungen an den Prototypen, einschließlich der Entwicklung eines neuen Modells mit integrierter Ventiltechnik, bevor 1971 die Sea-Dweller als erste Uhr mit der damals noch zum Patent angemeldeten Ventiltechnik von Rolex für den zivilen Gebrauch auf den Markt kam. Im Jahr 2008 lancierte man die klobigere, noch speziellere Deepsea Sea-Dweller und die erste

Rolex-Titanuhr, die Deepsea Challenge, die dem Druck in Tiefen von 3.900 Metern bzw. 11.000 Metern standhält. Und die letztgenannte Zahl ist die größte Tiefe, die man überhaupt erreichen kann.

## YACHT-MASTER

So wie die Submariner auf das Leben unter den Wellen und die GMT-Master auf das darüber abzielte, ging es der Yacht-Master – um die beiden zu kombinieren – um das Leben an der Meeresoberfläche. Die 1922 eingeführte Yacht-Master vermischte gleichsam frühere Modelle, indem sie viele Anregungen aufgriff und zu etwas Neuem zusammenfasste, das aber auch eindeutig zur Welt von Rolex gehörte.

Tatsächlich war Yacht-Master nicht nur ein alter Modellname für Rolex – ursprünglich wurde er für ein Modell verwendet, das aussieht, als gehöre es zur Daytona-Familie –, sondern die Uhr von 1992 wurde

UNTEN Die Yacht-Master wurde 1992 bewusst mit opulentem Design vorgestellt, das Rolex als Luxus- wie auch als Uhrenmarke in den Vordergrund rückte.

auch als Aktualisierung der Submariner konzipiert, bevor die Sea-Dweller entwickelt wurde. Letztere kam jedoch zuerst auf den Markt.

Vielleicht wurde die vorgeschlagene Aktualisierung der Submariner mit ihrem geätzten Lünetteneinsatz, den kühneren Zeigern und den metallgefütterten Stundenmarkierungen zu dieser Zeit als zu radikale Abweichung angesehen, sodass man die Taucheruhr und ihren ikonografischen Stil vorerst doch nicht veränderte. Spätere Modelle der Submariner griffen jedoch ab 2011 die Designsprache der Yacht-Master für einen härteren, schärferen Look ausgiebig auf, sodass sich die beiden Uhren vom Äußeren her nicht allzu sehr unterschieden.

Tatsächlich wurde die Yacht-Master, als sie schließlich auf den Markt kam, als gehobene Version der Submariner positioniert und war auch mit dem gleichen Uhrwerk ausgestattet. Einige der ersten Versionen waren beispielsweise in 18 Karat Gelbgold mit weißem Zifferblatt erhältlich, spätere mit rubin- oder saphirbesetzten Indexen oder mit Zifferblatt und Lünette aus Platin. Dadurch war das Zifferblatt schwieriger abzulesen als bei einer funktionalen Uhr mit hohem Kontrast. Doch obwohl sie offiziell zu Rolex' professioneller Uhrenlinie gehört, war die Funktionalität nicht wirklich das Hauptanliegen. Vielmehr verwischte die Yacht-Master die Grenzen zwischen dem strengen »Form follows function«-Ethos der Submariner und etwas viel Eleganterem: eine Uhr für Sportler, die man zur Preisverleihungsgala trägt. Vielleicht wäre Superyacht-Master eine passendere Bezeichnung.

Ähnlich wie Rolex bei einigen Modellen entgegen der Konvention Stahl und Gold kombinierte – ein Rolesor genanntes Design –, wurden bei den Yacht-Master-Modellen einfarbiger Stahl und Platin kombiniert, was als Rolesium bezeichnet wird. Tatsächlich wird Rolesium von Rolex bis heute nur bei den Yacht-Master-Modellen verwendet. Ein Yacht-Master-Modell war 2015 auch das erste Rolex-Modell, das von den typischeren Leder- und reinen Metallarmbändern abwich. Das Oysterflex-Band sah aus, als sei es aus Kautschuk, war aber in Wirklichkeit eine Titan-Nickel-Legierung mit einer schwarzen Polymerbeschichtung.

GEGENÜBER Als die Yacht-Master 1992 auf den Markt kam, war sie die erste neue Rolex-Uhr seit zwanzig Jahren. Sie ist leicht an ihrer Kombination aus Everose und Stahl zu erkennen.

ROLEX
OYSTER PERPETUAL DATE
YACHT-MASTER

ANGEWANDTE
WISSENSCHAFT

# ROLEX, TECHNIK UND MATERIALIEN

Hans Wilsdorfs zweite Frau, Betty Wilsdorf-Mettler, konnte die Datumsanzeige auf ihrer Uhr nicht lesen. Bei Rolex fragte man sich, was hierfür eine Lösung sein konnte. Heraus kam ein weiteres Detail im Uhrendesign eines Unternehmens, bei dem Details ohnehin im Vordergrund stehen – aber ein geniales Detail, das zu einer Art Markenzeichen geworden ist.

Das 2,5-fache Vergrößerungsfenster wurde in das Glas über der Datumsöffnung eingebaut und trägt den Spitznamen Cyclops (»Zyklop«), nach dem einäugigen Riesen der griechischen Mythologie.

Der Charme der Geschichte mag größer sein als ihr Wahrheitsgehalt, aber die Idee soll Wilsdorf gekommen sein, als er sich eines Morgens wusch und ein Wassertropfen auf seine Uhr fiel, direkt auf die Datumsanzeige. So entwickelte das Unternehmen, das 1945 mit dem Modell Datejust die Datumsanzeige erfunden hatte, drei Jahre später eine Verbesserung dafür.

GEGENÜBER Auch wenn sich die Techniken und Technologien weiterentwickelt haben, war die Herstellung von Rolex-Uhren schon immer Präzisionshandarbeit.

RECHTS Rolex hat Armbandschließen mit der Bezeichnung Steelinox – *inox* ist eine Abkürzung des französischen Wortes für *rostfrei* – sowohl für Uhren aus 316L-Stahl als auch aus dem korrosionsbeständigeren 904L-Stahl gestempelt.

Es war eine so einfache, elegante und doch leicht zu kopierende Lösung, dass das Unternehmen nach 1953, als das Patent erteilt wurde, andere Uhrenhersteller darauf hinweisen musste, dass die Cyclops-Lupe Rolex' Idee war und man notfalls gerichtlich gegen Nachahmer vorgehen würde. Tatsächlich fügte Rolex später bei fast allen Modellen mit Datumsanzeige eine Cyclops-Lupe hinzu – später mit einer doppelten Antireflexbeschichtung für bessere Ablesbarkeit –, in einigen Fällen zum Leidwesen der Puristen.

Die Datumslupe war nur ein weiteres Beispiel für den technischen Fortschritt, für den Rolex bekannt werden sollte. Auch wenn das Unternehmen sich mit der Einführung eines brandneuen Modells zurückhielt und es stattdessen vorzog, die bestehenden Modelle subtil zu verbessern, trumpfte es mit Fortschritten bei der Fertigungsweise seiner Uhren auf. Das erste und berühmteste Beispiel dafür – nicht zuletzt, weil Variationen dieses Themas zum Standard für alle mechanischen Uhren werden sollten – war natürlich die wasserdichte Oyster.

Ebenso berühmt ist die Kreation des »Perpetual«-Automatikwerkes. Bei dieser Idee wurde das Uhrwerk mithilfe eines Rotorgewichtes aufgezogen, sodass bei einer täglichen Tragedauer von sechs Stunden – wie ursprünglich empfohlen – kein Handaufzug erforderlich sein sollte. Eine exakte Zeitanzeige sollte »ewig« sein – *perpetual.* Das 1931 patentierte Rolex-Automatikwerk wurde anfangs außerhalb des Unternehmens als Modul hergestellt, das an bestehende Uhrwerke angebracht werden konnte. Dadurch wurde die Uhr auch dicker als üblich, was zu der Art von Blasenboden führte, an der Rolex-Uhren der Vorkriegszeit zu erkennen sind. Das erste speziell angefertigte Oyster-Perpetual-Uhrwerk kam erst 1950 auf den Markt. Es wurde in frühen Versionen der Explorer oder Submariner verwendet und war bis Ende des Jahrzehntes in allen Rolex-Modellen ohne Datumsanzeige Standard.

Die wasserdichte Oyster und das Perpetual-Automatikwerk sind zwar die wichtigsten, aber nicht die einzigen auf der langen Liste der Fortschritte, die Rolex in der Uhrmacherei gemacht hat. Schaut man beispielsweise bei schlechten Lichtverhältnissen auf das Zifferblatt einer Rolex, so ist die gute Sichtbarkeit das Ergebnis eines von der Firma selbst entwickelten Leuchtstoffes.

Wie die meisten Uhrenhersteller, die ihre Uhren in der Dunkelheit gebrauchsfähig machen wollten, verwendete auch Rolex zunächst Radium, ein radioaktives Material. 1963 wollte die US-Atomenergiekommission es jedoch genauer wissen: Wie radioaktiv war die GMT-Master, deren Zifferblatt und Lünette beide aus Radium gefertigt waren? Das war eine Herausforderung, die

Rolex nicht nur dazu veranlasste, das Modell vom US-Markt zurückzurufen und durch Aluminiumlünetten zu ersetzen, sondern auch nach Möglichkeiten zu suchen, um ganz ohne Radium auszukommen.

Man entschied sich für Tritium, ein Material, das zwar weniger radioaktiv, aber auch weniger langlebig ist – weshalb alte Rolex-Uhren dazu neigen, ihr Leuchten zu verlieren und sich mit der Zeit gelbbraun verfärben. Dies wird von Liebhabern alter Rolex-Modelle geschätzt, von Rolex selbst jedoch als Fehler angesehen. Daher wechselte das Unternehmen 1998 zunächst zu LumiNova, einem nicht radioaktiven, typisch grün gefärbten Material, das 1993 von Nemoto & Co. entwickelt worden war und heute, neben dem verbesserten Super-LumiNova, der Standard in der Uhrenindustrie ist.

Doch dann kündigte Rolex 2008 das blau leuchtende Chromalight an, ein anscheinend selbst entwickeltes Leuchtmaterial, das erstmals auf einer Deepsea Sea-Dweller zu sehen war, der wohl spezialisiertesten Uhr des Unternehmens. Es handelte sich um ein Leuchtmaterial, das nach Angaben von Rolex bei schlechten Lichtverhältnissen schneller und länger leuchtete als Super-LumiNova. Zumindest war das Rolex' geheimnisvolle Behauptung – aus heutiger Sicht ist noch nicht klar, ob Chromalight eine eigene Substanz, die Verwendung eines nicht geschützten Stoffes oder nur ein cleveres Rebranding eines LumiNova-Produktes ist.

Bei anderen Entwicklungen von Rolex gibt es solche Unklarheiten nicht. Ein Blick in das Innere einer Rolex-Uhr zeigt die Parachrom-Bleu-Spirale, deren Entwicklung einen weiteren Schritt in Richtung des Unternehmensziels war, nahezu alle Produktionsschritte im eigenen Haus abzuwickeln.

Die Unruhspirale ist eine fast mikroskopisch dünne Drahtspirale, die die Unruh in einem präzisen Rhythmus schwingen lässt und so die Hemmungsgabel ver- und entriegelt, die wiederum die Zeiger der Uhr bewegt. Die ursprünglich aus Stahl gefertigten

Spiralfedern konnten durch Temperaturschwankungen und Magnetismus beeinträchtigt werden, was die Zeitmessung unzuverlässig machte. Daher wurden im frühen zwanzigsten Jahrhundert Speziallegierungen wie Invar, Elinvar und Nivarox entwickelt. Dazu kam die Spezialherstellung von Spiralfedern, die Rolex für seine Uhren einkaufte.

Aber Rolex kam auch zu dem Schluss – wie vielleicht auch bei den Leuchtstoffen –, dass Vorhandenes noch verbessert werden kann, und brachte im Jahr 2000 eine eigene Spiralfederlegierung

OBEN Ein Kunstwerk in Miniaturformat: der signierte Mechanismus einer Rolex-Uhr, bei dem die firmeneigene Parachrom-Bleu-Spirale sichtbar ist.

ROLEX
OYSTER PERPETUAL
EXPLORER
OFFICIALLY CERTIFIED
CHRONOMETER
SWISS

auf den Markt, die über fünf Jahre entwickelt worden war. Die Legierung besteht zu 15 Prozent aus Zirkonium und zu 85 Prozent aus Niobium, das als verschleißfest, hitze- und oxidationsbeständig gilt, wenn es der Luft ausgesetzt wird. Dadurch ist die Spiralfeder vollständig antimagnetisch, extrem temperaturbeständig und laut Rolex zehnmal stoßfester. Im Jahr 2005 verdickten die Forscher bei Rolex das Oxid der Unruhspirale, um ihr mehr Stabilität zu verleihen, was den Nebeneffekt hatte, dass die Spirale blau wurde.

Um überhaupt eine Spiralfeder aus dieser Legierung herstellen zu können, musste mit Toleranzen von etwa einem Zehntel Mikrometer gearbeitet werden – das ist etwa ein Tausendstel des Durchmessers eines menschlichen Haares –, und um Zirkoniumdioxid und Niob miteinander zu verbinden, brauchte es Temperaturen von etwa 2.400 °C. Aber Rolex war stets darauf bedacht, die Kontrolle und damit die hohen Standards ihrer Produktion zu maximieren, und verfügte daher über eine eigene Gießerei und eigene Pressen. Mit anderen Worten: Das Herzstück der Rolex-Uhren des 21. Jahrhunderts war das Ergebnis eines schwerindustriellen Prozesses, den Rolex jedoch mit äußerster Präzision durchführt. Eine Unruhspirale, die nur um ein Mikron – ein Millionstel Meter – abweicht, kann dazu führen, dass eine mechanische Uhr um bis zu dreißig Minuten pro Tag zu schnell oder zu langsam läuft. Rolex behauptet, dass die eigenen Uhren im Durchschnitt nur um etwa zwei Sekunden pro Tag zu schnell oder zu langsam gehen.

Da Rolex keine Glasböden herstellte, war dieser Zauber für die Rolex-Träger nicht zu sehen. Aber diese hauseigene Gießerei ermöglichte es dem Unternehmen auch, die Materialien zu überdenken, aus denen es seine Gehäuse und Armbänder herstellte. Das gilt selbst für die schlichtesten Stahlmodelle. Bereits 1985 stellte man von der in der Uhrenindustrie weitverbreiteten Stahllegierung 316L auf die teurere und schwieriger zu bearbeitende Stahllegierung 904L um, die häufig in der sehr

GEGENÜBER Eine Rolex Explorer, hier mit dem viel kopierten dreigliedrigen Oyster-Armband. Die Marke hat es geschafft, ihre Armbänder ebenso unverwechselbar zu gestalten wie ihre Uhren.

GEGENÜBER Die Verwendung von Keramik für die Lünetten von Rolex-Uhren, wie bei dieser Yacht-Master, ermöglichte es auch, einen plastischeren Effekt bei den nun erhabenen Ziffern zu erzielen.

sicherheitsbewussten Luft- und Raumfahrtindustrie verwendet wird. Rolex begann mit der Herstellung einer eigenen Rezeptur dieses Stahls und stellte im Jahr 2003 seine gesamte Produktion auf 904L – später Oystersteel genannt – um. Warum 904L-Stahl? Dieser ist härter, aber – was für ein langlebiges Metallprodukt noch wichtiger ist – auch korrosionsbeständiger und verleiht helleren Glanz.

Was die glänzenderen Modelle betrifft, so kontrolliert Rolex seine eigene Platin- und Goldproduktion und hat versucht, auch hier einen funktionellen Vorteil zu erzielen, indem es geschützte Legierungen mit einer geheimen Rezeptur herstellt. Sie sollen ein Gold mit einer ausgeprägteren, satteren Farbe ergeben und ein mit Ruthenium gemischtes Platin – eine Mischung, die Rolex Rolesium nennt –, das widerstandsfähiger ist, ohne seinen Glanz zu verlieren. 2005 kreierte Rolex auch Everose, eine Roségoldlegierung, die ihren besonderen Farbton selbst bei längerer Einwirkung von Sonnenlicht, Salzwasser oder Chlor nicht verliert.

Stahl oder Edelmetalle waren lange Zeit die traditionellen Materialien, aus denen Uhrengehäuse und -armbänder hergestellt wurden – geschätzt wegen ihrer Langlebigkeit, ihres Glanzes und ihres Image. Nichtsdestotrotz nutzte Rolex auch das Potenzial neuer Materialien, um Teile herzustellen, die zum Beispiel leichter sind, aber auch (im Gegensatz zu Aluminium) nicht verkratzen, nicht verblassen und auch eine kräftigere Farbe haben. Zu diesem Zweck patentierte man beispielsweise 2005 eine Keramikverbindung namens Cerachrom – *cera* von »Keramik«, *chrom* vom griechischen Wort für »Farbe« – für die Herstellung von Sportmodell-Lünetten. Diese überzog Rolex anschließend mit einer sehr dünnen Platinschicht, um eine Hochglanzoberfläche zu erzielen. Der Effekt kommt am besten bei allen Modellen mit »Pepsi«-Lünette zur Geltung, da die Keramik eine perfekte Verbindung der beiden Farben ermöglicht.

ROLEX
YACHT-MASTER
SUPERLATIVE CHRONOMETER
OFFICIALLY CERTIFIED
10
20
30

# SCHILDE IN BEREITSCHAFT

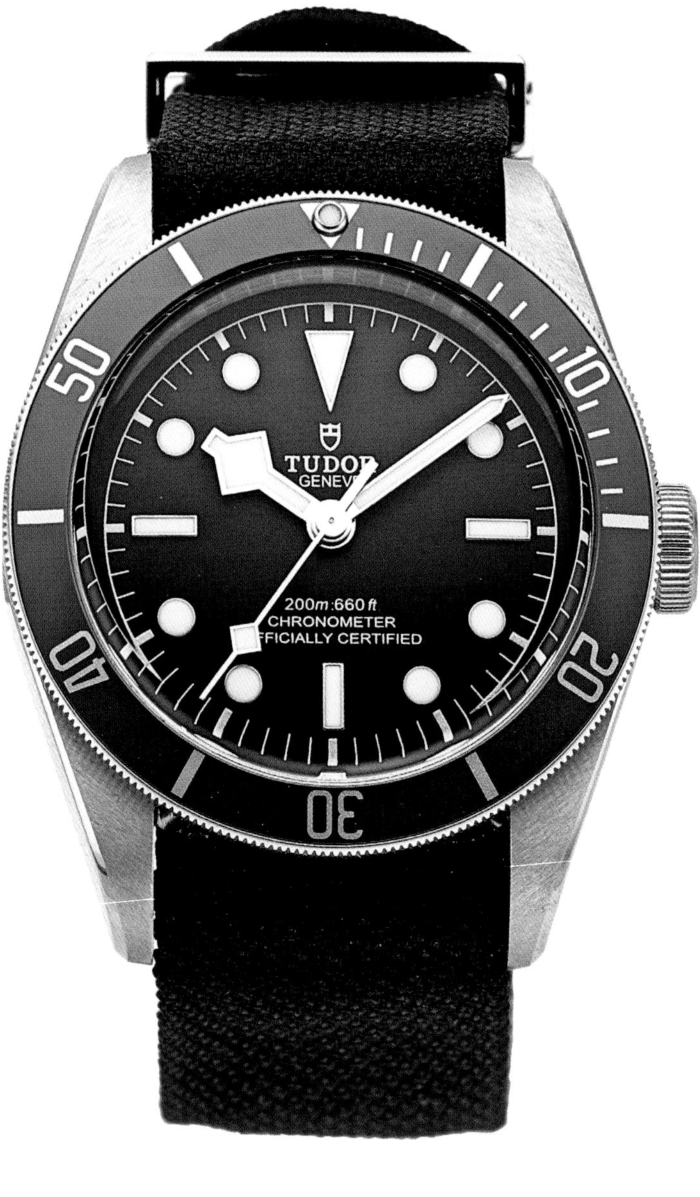
200m:660ft
CHRONOMETER

# DIE TUDOR-STORY

Tudor wurde einst – nicht eben schmeichelhaft – als »Rolex des armen Mannes« bezeichnet. Einige betrachteten die Marke als zweitklassig und erfolglos – wenn auch nur im Vergleich zu ihrem großen Bruder Rolex.

Der Name Tudor mag zwar eine Anspielung auf die englischen Wurzeln der Firma Rolex sein, doch wurde sie von Hans Wilsdorf ganz bewusst als billigere, wenn auch nicht minderwertige Alternative geschaffen – »für den Fall, dass Ihre Ambitionen höher sind als Ihr Kontostand«, wie es in der Werbung hieß. Mit der Idee trug Wilsdorf sich schon lange und ließ den Namen Tudor bereits 1926 eintragen.

»Seit einigen Jahren spiele ich mit dem Gedanken, eine Uhr herzustellen, die unsere Vertreter zu einem bescheideneren Preis als unsere Rolex-Uhren verkaufen könnten, die aber dennoch die Zuverlässigkeitsstandards erreichen kann, für die Rolex berühmt ist«, erklärte er in einer Anzeige, die 1946 die offizielle Einführung von Tudor markierte und in der er, was ungewöhnlich ist, versuchte, seine Beweggründe für diesen Schritt darzustellen. »Ich beschloss, ein eigenes Unternehmen zu gründen, um diese neue Uhr herzustellen und zu vermarkten. Und die Anweisungen, die ich gegeben habe – dass es die bestmögliche Uhr sein muss, die zu

GEGENÜBER Das Modell Black Bay von Tudor, die wohl kultigste Uhr der wiedergeborenen Marke.

GEGENÜBER
Wie Rolex experimentierte auch Tudor in den 1980er-Jahren mit Quarzwerken, etwa bei dieser Prince Quartz Oysterdate.

einem mittleren Preis verkauft werden kann –, sind hervorragend umgesetzt worden.«

Auch die Gründung der Tudor Watch Company war eine kluge Geschäftsentscheidung. Mitte der 1940er-Jahre war der Ruf von Rolex als Anbieter langlebiger, zuverlässiger und technologisch fortschrittlicher Uhren gefestigt. Das war die Gelegenheit, aus diesem Ruf Kapital zu schlagen, und zwar mit etwas, das man später als Untermarke oder Produktlinienerweiterung bezeichnen sollte. Hier bot sich eine Gelegenheit, die Uhrmachern ohne das Renommee von Rolex nicht zur Verfügung stand.

1946 hatte Rolex bereits 14 Jahre lang in aller Stille die Akzeptanz des Namens Tudor auf dem australischen Markt getestet, wobei einige seltene Exemplare sowohl »Tudor« als auch »Rolex« auf dem Zifferblatt trugen. Aber die Verbindung zu Rolex war nie ein Geheimnis. Schon die ersten Tudor-Uhren boten die markantesten und exklusivsten Eigenschaften von Rolex: die luft-, staub- und wasserdichte Oyster-Konstruktion und das Perpetual-Werk mit Automatikaufzug. Und sie trugen den Namen Oyster. Außerdem wurden sie in den Rolex-Fabriken unter Verwendung vieler Rolex-Komponenten zusammengebaut. Wie Sammler festgestellt haben, handelte es sich praktisch um Rolex-Uhren mit einem anderen Schriftzug. Spätere Tudors verwenden Standardwerke des spezialisierten Uhrwerkherstellers ETA – der entscheidende Unterschied zu ihren Rolex-Pendants.

War das wichtig? Während eine Rolex-Uhr, so robust sie auch war, im Vergleich als edel gelten konnte, präsentierte das Unternehmen eine Tudor-Uhr von Anfang an als alltagstaugliches, zuverlässiges Utensil, für das Hans Wilsdorf öffentlich seine persönliche Empfehlung abgab.

Das Wappenlogo der Marke, das im Laufe der Geschichte von Tudor immer wieder verwendet wurde, war sehr treffend. 1952 wurden 26 Tudor Oyster Princes von den Mitgliedern der einjährigen britischen Forschungsexpedition der Royal Navy nach Grönland

TUDOR
PRINCE-QUARTZ
18
OYSTERDATE

TUDOR
OYSTERDATE
UNITS PER HOUR
T SWISS MADE T
23

getragen. Im selben Jahr war in einer Anzeige von der »Zerstörungsprobe« zu lesen, bei der sechs Tudor-Uhren nacheinander von einem Arbeiter getragen wurden, der einen Pressluftbohrer bediente, sodass jede Uhr »über eine Million gewaltige Stöße erfuhr, als der Bohrer auf Granitgeröll einschlug«. Es war, so die Werbung, »der härteste Test, dem Uhren je unterzogen wurden.« Sie haben es erraten: Obwohl sie »über alle Maßen erschüttert« waren, funktionierten alle Uhren weiterhin einwandfrei.

Dies war nur der erste einer Reihe von unterhaltsamen, wenn auch nicht gerade wissenschaftlichen Tests der Robustheit von Tudor-Uhren, die beweisen sollten, dass billiger nicht gleich minderwertiger bedeutete. Eine Uhr wurde von einem Steinmetz drei Monate lang getragen, eine andere von einem Bergmann 252 Stunden lang, während er mit einer Spitzhacke arbeitete. Ein Nieter von Metallträgern trug eine Tudor, ebenso wie ein Motorradrennfahrer.

Doch hinter jeder Tudor-Uhr stand immer auch der Schatten von Rolex. Oder andersherum hatte Rolex ein Echo namens Tudor. Eines der erfolgreichsten Tudor-Modelle war zwangsläufig seine eigene Interpretation der Submariner, die Serie Ref. 7900, die 1954 auf den Markt kam, nur ein Jahr nach dem gleichnamigen Modell von Rolex. Gehäuse, Armband und Krone waren alle von Rolex signiert, obwohl Tudor sie erst 1955 in einer neuen Variante als Submariner bezeichnete. Viele Varianten wurden fast sofort für die US-Marine und die französische Marine Nationale produziert: eine Beziehung, die die nächsten zwei Jahrzehnte andauern sollte. Zusätzlich funktionierten Taucher der französischen Marine alte elastische Fallschirmgürtel zu eigenen Armbändern für ihre Submariner-Uhren um.

Tudor brachte auch Produkte auf den Markt, die eher für den Büroalltag als für Offshore-Bohrungen geeignet waren: 1957 die Tudor Advisor, die einzige Uhr mit mechanischer Weckfunktion, und 1970 die Tudor Oysterdate Chronograph. Doch der grundsätzliche Charakter der Uhr blieb auf Robustheit ausgerichtet. Erst

GEGENÜBER Im Gegensatz zu Tudor konnte Rolex bei der Verwendung von Farben etwas abenteuerlicher sein, wie bei diesem grau-orangefarbenen Oysterdate-Chronografen Montecarlo aus den 1970er-Jahren.

1969 führte Tudor bei der Submariner ein Designdetail ein, das die gesamte Marke endgültig von der älteren Schwester abheben sollte: Die Rolex-Mercedes-Zeiger wurden durch einen gezackten Stundenzeiger ersetzt, der als »Schneeflocke« bezeichnet wurde.

Tudor stellte seine Marktposition als erschwinglichere Rolex-Alternative bemerkenswert offen dar. Eine Werbeanzeige aus den 1970er-Jahren drückt es so aus: »Sie möchten vielleicht wirklich eine Rolex GMT-Master II, aber seien wir ehrlich … Wenn Sie nicht gerade 20.000 Dollar für den Schmuck Ihrer Frau ausgeben oder ein paar zweifarbige Datejusts kaufen, werden Sie diese Uhr niemals zum UVP bei einem autorisierten Händler bekommen. Eine Tudor GMT ist eine äußerst leistungsfähige Alternative …«

Aber vielleicht war der Name Rolex samt seiner Anziehungskraft einfach zu groß, und in den späten 1970er und 1980er-Jahren, als die Marke Tudor immer mehr von der Verwendung der ETA-Uhrwerke abhängig wurde, verschwand sie auf vielen Märkten einfach. In der Zwischenzeit erlebte Rolex – nach überstandener Quarzkrise der Uhrenindustrie – einen Höhenflug.

Die Marke Tudor erfuhr ab 2007 einen radikalen Wiederbelebungsprozess – einschließlich der Etablierung als Zeitmessungspartner für Unternehmen wie Porsche und Ducati – und konnte sich diesmal erfolgreich von dem Eindruck befreien, dass sie in gewisser Weise nur eine minderwertige Rolex sei. Während das Modell Black Bay aus dem Jahr 2012 schnell zum Kultobjekt wurde, flankierte Tudor diese neuen stylishen Uhren – Aktualisierungen vergessener Designs aus den Archiven, eine Idee, die Rolex in der Vergangenheit nur ungern verfolgt hatte – mit technischem Know-how: Das Modell Black Shield aus dem Jahr 2013 war mit einem einteiligen Keramikgehäuse ausgestattet, das komplett im eigenen Haus gefertigt wurde, sowie mit einem ebenfalls hauseigenen Uhrwerk. Als Rolex zu einer Luxusmarke zu Luxuspreisen wurde, übernahm Tudor in gewisser Weise die Rolle, die Rolex viele Jahrzehnte zuvor innegehabt hatte.

GEGENÜBER David Beckham, Fußballer, Modefan und das Gesicht, das dazu beitrug, die Marke Tudor ab 2007 wiederzubeleben.

TUDOR
#BORN
TODARE
BLACK BAY
S&G
DAVID BECKHAM

# ACTION AUF DER GROSSEN LEINWAND

# ROLEX IN DER POPKULTUR

Auf der Kinoleinwand trägt James Bond zwar seit 1995 eine Omega-Uhr, aber davor trug er eine Rolex. Das entsprach dem Bond der Bücher von Ian Fleming.

Im Buch *Im Geheimdienst Ihrer Majestät* wird Bond als Träger einer »schweren Rolex Oyster Perpetual an einem Metallarmband« beschrieben. In *Casino Royale* war Fleming, der selbst eine Oyster Perpetual Explorer trug, sogar noch deutlicher: »Er konnte nicht einfach eine Uhr tragen. Es musste eine Rolex sein«, schrieb er über 007.

Als die Figur des Geheimagenten 1962 in dem Film *007 jagt Dr. No* ihren ersten Auftritt hatte, trug Sean Connery als Bond eine Rolex Submariner. Ab dem dritten Film der Serie trug Bond seine Submariner an einem Nylonarmband mit den farbigen Streifen der Royal Scots. Nicht nur das Armband wurde später als Bond-Armband bekannt, sondern Rolex-Fans bezeichneten genau dieses Uhrenmodell – Referenznummer 6538 – als »James Bond Submariner«.

In *Goldfinger* (1964) trug auch Pussy Galore, gespielt von Honor Blackman, eine Rolex GMT-Master – ein frühes, vielleicht sogar das erste Beispiel dafür, dass eine Frau in der Öffentlichkeit eine »Männeruhr« trägt. Im wirklichen Leben war dieses Beispiel die Fliegerin Sheila Scott, die unter anderem als erster Mensch den

GEGENÜBER Honor Blackman als Pussy Galore in *Goldfinger* trägt eine GMT-Master, eines der ersten filmischen Beispiele für eine Frau, die eine Männeruhr trägt.

UNTEN Vanessa Redgrave in Antonionis Kultfilm *Blow Up* von 1966, die eine Rolex Submariner trägt.

Nordpol in einem Leichtflugzeug überflog und später in einer Werbung für die GMT-Master von 1960 zu sehen war.

Diese Verbindung zwischen Geheimagent und Uhrenmarke wurde im Laufe der Zeit immer enger: In der Verfilmung von *Im Geheimdienst Ihrer Majestät* trägt Bond zu verschiedenen Zeiten zwei Rolex, eine Submariner 5513 und eine Rolex Chronograph 6238, ein Vorläufermodell der Daytona.

Die Uhren verfügen natürlich auch über die besonderen Extras, die Gadgets, die Bond so oft helfen, sich aus einer brenzligen Situation zu befreien: In *Feuerball* (1965) hat seine Submariner einen eingebauten Geigerzähler; in *Leben und Sterben lassen* (1973) dreht sich die Lünette mit hohem Tempo und wird so zu einer nützlichen Kreissäge, während die Uhr hochmagnetisiert werden kann, sodass sie sogar die Flugbahn einer Kugel zu ändern vermag – oder den Reißverschluss am Rücken einer Frau öffnen kann. In der Realität würde eine solche Ausrüstung die Uhrwerke ruinieren und zu einer miserablen Zeitmessung führen.

Die Beziehung auf der Leinwand mag nicht von Dauer gewesen sein – Bond trug später Seiko, TAG Heuer und erst in *Lizenz zum Töten* (1989) wieder eine Rolex –, bevor Omega, nun in der Welt der Produktplatzierung tätig, den wertvollen Platz an Bonds Handgelenk beanspruchte.

Aber Bond war nur der berühmteste Darsteller mit einer Rolex. Es gab noch viele andere in Filmen, die zum Kult wurden: Robert de Niro in *Die durch die Hölle gehen,* Faye Dunaway in *Network,* Jennifer Connelly in *Top Gun: Maverick,* Gabriel Byrne in *Die üblichen Verdächtigen* und Vanessa Redgrave in *Blow Up* (sie trug ihre Uhr über der Manschette wie der Fiat-Industrielle und Stilikone Gianni Agnelli, der diesen Stil berühmt gemacht hatte). Auch Michael Caine in *Jack rechnet ab* trägt eine Datejust und Robert Shaw in *Der weiße Hai* eine Submariner – und das sind nur einige der vielen Filme, in denen der Star eine Rolex als adäquate Uhr trägt.

OBEN Die Daytona wurde lange mit Paul Newman in Verbindung gebracht, seit dieses Modell dem Schauspieler 1995 nach seinem Sieg beim 24-Stunden-Rennen von Daytona verliehen wurde.

Die Tatsache, dass die Marke für Kostümbildner gleichsam erste Wahl geworden ist, ohne dass ein offizieller Werbevertrag mit dem Uhrenhersteller besteht, lässt sich wohl am besten durch die einfache Tatsache erklären, dass Rolex-Modelle am ehesten in der Lage sind, bestimmte Vorstellungen über die sie tragende Person zu vermitteln. In der Regel hat es damit zu tun, dass die Figur wohlhabend, eher maskulin und häufig ein Gewinnertyp ist.

Manchmal durften die Schauspieler bei den Uhren der von ihnen gespielten Figur ihrem eigenen Geschmack folgen. Auf der Leinwand ist Steve McQueen vielleicht am ehesten mit der Monaco-Uhr von TAG Heuer in Verbindung zu bringen. Doch hinter der Kamera war McQueen ein großer Rolex-Fan – wie auch Paul Newman, der in seiner Rolle in *Die Farbe des Geldes* erklärt, er trage eine Rolex, weil sie »die Beste« sei. *Jeder Kopf hat seinen Preis* war der einzige Film, in dem McQueen seine Lieblingsuhr, eine Submariner, tragen durfte. Er bekam sie gerade noch rechtzeitig: Der Film sollte der letzte des Schauspielers sein.

Der Zusammenhang zwischen Schauspielern und der Uhrenmarke sollte sich in den folgenden Jahren bei Auktionen zeigen. Im Jahr 2017 wurde eine »Paul-Newman-Daytona« – benannt nach dem Mann, mit dem sie am engsten verbunden ist – für 17,75 Millionen US-Dollar versteigert und war damit die teuerste jemals verkaufte Armbanduhr. Aber dann kam der Knüller: Es war die »Paul-Newman-Daytona«, die tatsächlich dem Schauspieler selbst gehört hatte. Zwei Jahre später wurde die von Marlon Brando in *Apocalypse Now* getragene Rolex GMT-Master für knapp zwei Millionen US-Dollar verkauft – und das, obwohl die Lünette fehlte. Der Schauspieler hatte sie während der Dreharbeiten abgenommen, um die Uhr nicht vor aller Augen zu zeigen, nachdem er die Bitte des Regisseurs abgelehnt hatte, das möglicherweise Ablenkung verursachende Modell überhaupt nicht zu tragen.

Die Symbolkraft der Rolex ist so groß – sie steht für Reichtum, einen gewissen Status und guten Geschmack –, dass ihre Bedeutung

GEGENÜBER Die Macht der Rolex als Statussymbol hat sie unweigerlich zu einem Liebling der Rap-Kultur und von Rap-Stars wie einem mit Gold überladenen Jay-Z gemacht.

RECHTS Tom Selleck als Hauptdarsteller von *Magnum* (1980–1988), in seiner bewährten Detroit-Mütze und mit GMT-Uhr.

mehr als nur ein Requisit darstellt. »Sehen Sie diese Uhr? Diese Uhr kostet mehr als Ihr Auto«, prahlt der aggressive Chefverkäufer im Film *Glengarry Glen Ross* von 1992 und zeigt auf seine Day-Date aus 18 Karat Gold. Aus ähnlichen Gründen des Machtspiels scheint Christian Bale als der monströse Patrick Bateman in *American Psycho* eine Datejust zu tragen. Eigentlich trägt er aber eine Datejust-ähnliche Nachahmung von Seiko – weil die Filmemacher Rolex nicht dadurch verärgern wollten, dass sie die Marke mit einem Serienmörder in Verbindung brachten. Die Zeile »Don't touch the Rolex« aus der Romanvorlage von Bret Easton Ellis, in dem Rolex 26-mal erwähnt wird, wurde im Drehbuch ebenfalls durch »Don't touch the watch« ersetzt.

Diese Erfahrung hielt Bale nicht davon ab, bei späteren Rollen in *American Hustle* oder *Vice – Der zweite Mann* eine Rolex zu tragen.

Kein Wunder also, dass Rolex Mitte der 2010er-Jahre zur exklusiven Uhr der Academy of Motion Picture Arts and Sciences und zum Sponsor der Oscars wurde.

Wie im Film, so auch in der Musik. Bond mag weit davon entfernt sein, Beats zu droppen, aber dennoch hat die Rolex als Symbol für Status und kulturelles Prestige einen festen Platz in Rap-Texten gefunden. Rolex – oder »Rollies« – ist vielleicht nicht die einzige Luxusmarke, die im Rap erwähnt wird. Aber nur wenige Marken werden so oft genannt.

LINKS Sean Connery auf einem Werbefoto für seine Rolle als James Bond, der – wie Ian Flemings Figur in den Buchvorlagen – eine Rolex trägt.

# WAS IST SCHON EIN NAME?

# Vital Seconds

TELEPHONE REGENT 7940

OLD BOND STREET HOUSE,
6-8, OLD BOND STREET,
LONDON, W. 1.

Dear Sirs,

I have now been using my Rolex Watch for some little while, and it is keeping perfect time under somewhat strenuous conditions.

I would like to congratulate you on having produced a very first-class Watch suitable for really rough treatment.

I was wearing it on the occasion of the J.C.C. Double 12 Hours Race on Friday and Saturday last, and the vibration which this Watch had to withstand during this long period has not upset its time-keeping properties in the least.

Yours faithfully,

NOTHING less than absolute precision can satisfy men who set out to create records, and for them the Rolex 'OYSTER' Wrist Watch, itself a holder of 25 World's Records, definitely has no equal.

The Rolex 'OYSTER' Wrist Watch is designed and assembled with quite as much care, with all the technical skill and attention as is devoted to the production of a giant racing-car. It is tested again and again, under the most exacting conditions, its performance over long periods is recorded and checked—it even passes through ovens and refrigerators and spends part of its time actually under water. Not until it emerges successfully through these adventures is it permitted to leave the works at Geneva.

Sir Malcolm Campbell himself wears a Rolex 'OYSTER,' and has been kind enough to give us his considered opinion of the watch, whilst refusing even the fee to which he as an expert would be entitled. We have his permission to publish his letter, and take this opportunity of thanking him for the trouble he has taken on our behalf.

THE ROLEX 'OYSTER' IS WATERPROOF AND SANDPROOF.

*Insist on the genuine 'OYSTER' with the name Rolex on dial and movement. Resolutely and firmly refuse substitutes to avoid disappointment.*

*Patent Nos. 260554, 274789, 281315.*

THE WORLD-FAMOUS ROLEX MOVEMENT SEALED AGAINST THE ELEMENTS

as worn by

## SIR MALCOLM CAMPBELL

SIZES FOR MEN AND WOMEN:

| | |
|---|---|
| Snowite | £7 . 7 . 0 |
| 9 Carat | £12 . 12 . 0 |
| 18 Carat | £18 . 18 . 0 |

Luminous Dial 5/- extra.

*Stocked by leading Jewellers throughout the British Empire. If any difficulty in obtaining, write to the Rolex Watch Co., Ltd., 40/44 Holborn Viaduct, E.C.1, for NAME OF NEAREST AGENT and a copy of our Golden Booklet containing beautiful illustrations of Rolex Watches.*

*Sole Agents for India:*
*J. Boseck & Co., Ltd., Calcutta and Darjeeling.*
*Lund & Blockley, Bombay.*
*P. Orr & Sons, Ltd., Madras and Rangoon.*
*Coombes & Co., Ltd., 118-122 Phayre Street, Rangoon.*
*Cooke & Kelvey, Calcutta, Delhi, Simla and Lahore.*

# THE ROLEX 'OYSTER' WRIST WATCH

THE ROLEX WATCH CO., LTD. (H. Wilsdorf, Managing Director), GENEVA & LONDON

# ROLEX UND MARKETING

Die Verbindung mit der Langstreckenschwimmerin und Leichtathletin Mercedes Gleitze war zwar für die damalige Zeit eine Innovation, doch Hans Wilsdorf erkannte bald das Potenzial, das in der Nutzung von Prominenz für den Verkauf von Rolex-Uhren lag.

Im Jahr 1928 nahm Wilsdorf die britische Schauspielerin Evelyn Laye unter Vertrag, deren Name zwar inzwischen in Vergessenheit geraten ist, die aber zu ihrer Zeit als bemerkenswerte Schönheit galt. Oder, wie es in der Werbung hieß: Sie war die »berühmte und alles fesselnde« Evelyn Laye. Die ersten Botschafterinnen von Rolex, ob offiziell oder nicht, waren also beide Frauen.

Das war nicht weiter verwunderlich, denn obwohl Rolex eher als Hersteller von Herrenuhren galt, wenn auch mit einem starken Unisex-Appeal, richtete sich das Unternehmen an beide Geschlechter gleichermaßen. Im Jahr 1930 warb Rolex bei Frauen als »führend in Mode und Präzision« und als Hersteller von Gegenständen, die »durch ihre Schönheit« und ihren Nutzen »gefallen«. In den 1940er-Jahren war eine Rolex das Richtige »für Frauen im Dienst«, und in den 1950er-Jahren gab es Modelle wie die Princess mit auswechselbaren Armbändern, um die Uhr dem Outfit anzupassen. Und eine

GEGENÜBER Die erste Verbindung zwischen Rolex und einem Sportler bestand mit dem britischen Rennfahrer Malcolm Campbell, der für seine Geschwindigkeitsweltrekorde zu Lande und zu Wasser bekannt ist.

OBEN Die Explorer II – die Wahl des Skifahrers Jean-Claude Killy – hat vielleicht nicht den Kultstatus der ersten Explorer erreicht, aber ihre auffälligen orangefarbenen 24-Stunden-Zeiger (»Orange Hand«) machen sie umso unverwechselbarer.

Rolex war nicht nur für jene Frauen gedacht, die regelmäßig Diamanten und Ballkleider trugen. »Intelligente, karrierebewusste und sozial engagierte Frauen« würden ebenfalls gut daran tun, eine Rolex zu tragen, schlug das Unternehmen vor – vielleicht eine, die »der berühmten Rolex Oyster für Männer nachempfunden ist«.

Sicherlich hatte Rolex die sich verändernde Rolle der Frau in der westlichen Nachkriegsgesellschaft im Blick. Die Haute-Couture-Kollektion, »die Uhr für die glänzende neue Mode«, mag sich an Frauen gerichtet haben, die vor allem auf Stil oder Schönheit setzten. Aber in den 1960er-Jahren verband Rolex zumindest die Idee, dass eine Uhr hübsch sein konnte, mit der Vorstellung, dass sie ideal sein könnte für »die Frau, die mehr als nur Zierrat ist«, wie es in einer Anzeige von 1967 hieß. Daher die Assoziation mit Persönlichkeiten wie Sheila Scott, der ersten Frau, die allein um die Welt flog; sie trug eine GMT-Master.

Natürlich ließ Rolex die Mode nicht völlig hinter sich: Es gab Kooperationen mit Pucci und Ungaro, mit dem Avantgarde-Designer Rudi Gernreich – dem Schöpfer der ersten Tanga-Bademode und des Oben-ohne-Monokinis – sowie mit dem britischen Model Twiggy. Auch der Sexismus der damaligen Zeit kam nicht zu kurz: In einer Anzeige ist der Rennfahrer Jackie Stewart mit seiner Frau Helen zu sehen. »Warum Mr Jackie Stewart eine Rolex trägt … [weil] er das Know-how, die Sorgfalt und die Geduld zu schätzen weiß, die in einem Stück Feinmechanik stecken, ob groß oder klein«, heißt es in der Anzeige. »Warum Mrs Jackie Stewart eine Rolex trägt: Helen Stewart trägt eine Rolex, weil ihr Mann ihr eine geschenkt hat.« Dies war aber auch der Moment, in dem Rolex begann, sich mit Spitzenleistungen und den historisch bedeutenden Persönlichkeiten hinter diesen Leistungen in Verbindung zu bringen.

Diese Idee war schon immer im Hintergrund vorhanden. Malcolm Campbell wurde Rolex' erster männlicher Markenbotschafter, als er versuchte, den Landgeschwindigkeitsrekord zu brechen. Er schickte ein Telegramm an Rolex, in dem er erklärte, dass seine »Uhr immer noch perfekt geht – ich habe sie gestern getragen, als Bluebird [sein Auto] mehr als 300 Meilen pro Stunde [480 km/h] lief«. Rolex verwendete das Telegramm später in einer Werbung und wies auf die »27 Weltrekorde für Genauigkeit« der Oyster hin. Und da zu jener Zeit die Verbraucher bereits zunehmend an Prominenten zweifelten, die dafür bezahlt wurden, Marken zu loben, mit denen sie in Verbindung gebracht wurden, ergänzte das Unternehmen, es sei für Campbells Botschaft dankbar, »zumal er das Honorar ablehnt, das ihm als Experten für seine Meinung zusteht«.

Campbell und Gleitze sorgten gerade beide für Schlagzeilen, als Rolex aus ihrer Berühmtheit Kapital schlug, ähnlich wie

GEGENÜBER Rolex war immer darauf bedacht, mit eher vom Mittelstand geprägten Sportarten und ihren Champions in Verbindung gebracht zu werden – hier Seve Ballesteros, der Gewinner von neunzig Titeln im Profigolf.

LINKS Golf-Champion Jack Nicklaus trägt eine goldene Day-Date und hebt den Claret Jug, nachdem er 1978 die Open Championship gewonnen hat. Gesponserte Sportler achten darauf, dass ihre Uhr für die Kameras sichtbar ist.

das Unternehmen später mit historischen Ereignissen wie der Besteigung des Mount Everest in Verbindung gebracht werden sollte. Doch 1967 – sieben Jahre nach dem Tod von Hans Wilsdorf und zu Beginn einer neuen Ära – wagte Rolex einen bewussten Schritt in die Welt des Sports: Man begann erst eine Partnerschaft mit dem Profigolfer Arnold Palmer und später mit Gary Player und Jack Nicklaus – den »großen Drei« des Golfsports zu jener Zeit.

Das sollte in den folgenden Jahrzehnten zu einem Schlüsselkonzept in den Beziehungen zu den Sportstars werden. Das Unternehmen strebte direkt an die Spitze und sponserte nicht nur die besten Spieler – als Tiger Woods 2019 seinen ersten Masters-Sieg seit 14 Jahren errang und seine Trophäe emporhielt, trug er eine

Rolex Deepsea am Handgelenk –, sondern auch die weltweit im Fernsehen übertragenen Major-Turniere selbst als offizieller Partner und Zeitnehmer.

Rolex stellte auch eine Verbindung zum Tennissport her und wurde 1978 offizieller Zeitnehmer von Wimbledon. Die Rolex-Uhr auf dem Centre Court von Wimbledon ist unübersehbar. Dabei spielt es keine Rolle, dass die meisten Zuschauer wahrscheinlich keine Rolex kaufen, die Tennislegenden wie Chris Evert oder später Roger Federer trugen, die wohl berühmtesten Spieler, mit denen Rolex in Verbindung gebracht wird. Die Assoziation ist so groß, dass die Datejust – die traditionell an die Wimbledon-Sieger verliehen wird – mit dem sogenannten Wimbledon-Zifferblatt angeboten wird, das wie die Uhr in Schiefergrau mit römischen Ziffern gehalten ist.

Doch auch wenn Rolex seine Präsenz im Sport breit aufstellte, wählte das Unternehmen seine Verbindungen sehr sorgfältig aus: Man suchte den Zusammenhang mit Sportarten, die eher mit großem Reichtum und, ja, mit Klasse assoziiert wurden. Dazu gehörten nicht nur Golf und Tennis, sondern auch Eiskunstlauf und Skifahren, Segeln, Motorsport – einschließlich des 24-Stunden-Rennens von Le Mans und des rolexeigenen Rennens in Daytona – sowie Reitsport, vor allem die Burghley und Badminton Horse Trials und die FEI World Equestrian Games. Auch Rolex' Verhältnis zur Kunst ist eher gehoben und »intellektuell«: Jazz und klassische Musik, Independent-Kino und Architektur.

Natürlich wurden der Umsatz und der Status von Rolex nur dadurch gesteigert, dass die Berühmtheiten Rolex trugen. Angesichts von Rolex' Markenmacht sowie – ganz abgesehen von Design oder technischer Leistung – der gesellschaftlichen Symbolik ihrer Uhren ist die Liste der Berühmtheiten, die dieses Totem des Erfolgs getragen haben, schier endlos lang. Noch besser ist, dass einige ihre Leidenschaft für Rolex lautstark zum Ausdruck bringen – unter anderem Mark Wahlberg, Robert Downey Jr.,

GEGENÜBER Das Unternehmen schaltete eine lange Reihe von Werbeanzeigen, in denen außergewöhnliche – und oft ziemlich machohafte – Leistungen in Verbindung mit dem eventuellen Tragen einer Rolex gebracht wurden.

If you were flying the Concorde tomorrow
you'd wear a Rolex.
One essential piece of equipment in Pan Am's Concordes weighs nearly a quarter of a pound.
Which may seem a bit heavy for a watch.
But its Oyster case is carved from a solid block of hardened Swedish stainless steel (carved from 18 ct. gold it weighs even more). Inside its solid walls is a rotor self-winding officially certified chronometer. And outside, its big honest face tells the time in two time zones at once. And the date.
So much of the work is done by hand, it takes us more than a year to build a Rolex.
However, the Pan Am pilots who will fly the Concorde are rigorously demanding about the performance of their watch.
So if a Rolex weren't so heavy . . . it wouldn't fly.
The Rolex Pan Am pilots wear is the GMT-Master.
ROLEX
OF GENEVA
PAN AM
Rolex—Official Timepiece Pan American World Airways.
Write to Rolex, Geneva, Switzerland, for free colour catalogue.

We invented the Submariner to work perfectly 660 feet under the sea.
It seems to work pretty well at any level.
The Rolex Submariner is a salty watch. It's the official watch for divers of the Royal Navy. That beefed-up Oyster case resists pressures down to 660 feet. You'll find it in the cockpits of most ocean racers as hard-driving skippers beat down to Bermuda, Hobart and the Fastnet Rock. How come it's seen so much where the wettest thing around is a dry Martini? Who knows. Maybe it's because the black dial goes so well with a black tie. Ask her. Maybe she knows.
ROLEX
When a man has a world in his hands, you expect to find a Rolex on his wrist
THE ROLEX WATCH COMPANY LIMITED (Founder: H. Wilsdorf), GENEVA, SWITZERLAND and in LONDON at 1 GREEN STREET, W.1

Jason Statham, John Mayer, Eric Clapton, Lindsay Lohan und Ellen DeGeneres. Das hat zu einem Image und einer Authentizität geführt, die man mit Geld nicht kaufen kann.

Das haben auch die Auktionshäuser schnell begriffen, wenn es um den Verkauf einer Rolex geht. Sicher, Paul Newman trug eine Daytona, und zwar mehrere Varianten des Daytona-Modells, sodass man bei der Erwähnung einer Daytona so gut wie immer auch an den Schauspieler denkt. Die Bezeichnung »Paul-Newman-Daytona« bezieht sich jedoch auf bestimmte exotische Zifferblattkonfigurationen mit farblich abgesetzten Minutenringen, Nummern im Art-déco-Stil auf den schwarz-weißen Hilfszifferblättern und abgeschnittenen Stundenmarkierungen.

LINKS In den späten 1960er-Jahren sponserte Rolex inoffiziell Sheila Scott bei ihrer Solo-Weltumrundung und anderen Langstreckenflügen. Sie war eine der ersten weiblichen Persönlichkeiten des öffentlichen Lebens, die eine Männeruhr, die GMT-Master, trug.

GEGENÜBER Rolex war sich stets bewusst, dass Uhren nicht nur nützlich sind, sondern auch als Statussymbol dienen können – vielleicht sogar als Objekt der Verführung, wie in dieser Anzeige von 1965.

Wer den Preis in die Höhe treiben will, verweist außerdem oft auf die »Steve-McQueen-Explorer« (in Anlehnung an die Explorer II). Dabei ist nicht einmal bekannt, ob McQueen dieses Modell jemals getragen hat, auch wenn er ein Rolex-Fan und ein Anhänger der Submariner war. Die Rolex Triple-Date Chronograph wird ebenfalls fälschlicherweise mit dem olympischen Skistar Jean-Claude Killy in Verbindung gebracht, obwohl er in Wahrheit die Explorer II trug und in den späten 1960er-Jahren in der Rolex-Werbekampagne »Peaks of Performance« mitspielte.

Aber, wie es so schön heißt: Prominenz zahlt sich aus – und für ein Unternehmen wie Rolex galt das schon immer.

GEGENÜBER Rolex-Botschafter seit 2006 und wohl der beste der modernen Ära der Marke: die Tennislegende Roger Federer, hier mit einer Sky-Dweller, dem jüngsten Originalmodell von Rolex (zum Zeitpunkt der Veröffentlichung dieses Buches).

LINKS Rolex fehlte es selten an prominenter Unterstützung, wenn es darum ging, die Uhren für Frauen genauso attraktiv zu machen wie für Männer. Hier posiert Sophia Loren im Jahr 1979 mit ihrer Rolex.

# KRIEGSZEITEN

TIME flies!
THE ROLEX-OYSTER
WATERTIGHT DUSTPROOF ANTI-MAGNETIC
On active service where accuracy is so essential
LAND · SEA · AIR
There is no better choice than a
ROLEX-OYSTER
There can be no more precise instrument for the Airman than a ROLEX Wrist Watch. Worn by :—Alex Henshaw, Flying Officer Clouston and members of the Mount Everest Flying Expedition.
ROLEX
WRIST WATCH
chronometers
Sold and serviced by leading jewellers throughout the world.
THE ROLEX WATCH CO LTD. (H. Wilsdorf, Managing Director).
GENEVA · LONDON · PARIS · BUENOS AIRES · DUBLIN · TORONTO
Write to Bexley, Kent, for address of nearest Agent.

# ROLEX UND DAS MILITÄR

Obwohl er aus Deutschland stammte, lehnte Rolex-Gründer Hans Wilsdorf alles ab, wofür die Nazis standen. Das ging so weit, dass er während des Zweiten Weltkriegs nur die Alliierten belieferte, während die meisten übrigen Uhrenhersteller in der neutralen Schweiz vom Krieg profitierten, indem sie beide Seiten belieferten.

Rolex war schließlich auch im Vereinigten Königreich gegründet worden, und Wilsdorfs Geschäftspartner war Brite. Bis in die 1950er-Jahre verwendete das Unternehmen in seinen Uhren weiterhin Teile aus britischer Produktion.

Die berühmte Robustheit der Rolex-Uhren – eine Qualität, auf der der Ruf der Marke beruhte, bevor sie als Statussymbol galt – war zu Kriegszeiten bereits durch verschiedene hochkarätige Tests unter Beweis gestellt worden. Darunter waren der erste Flug über den Mount Everest im Jahr 1933 – die Besatzung trug Rolex – und Malcolm Campbells Versuch, 1935 den Geschwindigkeitsrekord auf den Bonneville Flats in Utah zu brechen. »Nichts weniger als absolute Präzision kann Männer zufriedenstellen, die auf Rekorde aus sind«, hieß es damals in einer Anzeige, und die Oyster, die Campbell trug, war auch noch »sandfest«, wie er selbstbewusst hinzufügte.

GEGENÜBER Rolex nutzte die Belieferung der Soldaten des Zweiten Weltkriegs, um die Effizienz und Haltbarkeit der eigenen Uhren nach Kriegsende zu bewerben.

OBEN Der Chronograf, der 1943 an den britischen Unteroffizier Clive James Nutting während seiner Kriegsgefangenschaft verkauft und angeblich bei dem Ausbruch verwendet wurde, der in dem Kriegsdrama *Gesprengte Ketten* von 1963 verfilmt wurde.

Das trug dazu bei, dass die Rolex für alle Angehörigen des Militärs attraktiv war. Tatsächlich war es wohl die Verwandlung der Rolex-Armbanduhr von einem zierlichen Accessoire zu einem robusten Utensil, was sie ab den 1930er-Jahren zu etwas machte, das auch ein Soldat, Seemann oder Flieger tragen konnte. Und dem er gelegentlich sein Leben anvertraute. Chuck Yeager, der erste Pilot, der schneller als die Schallgeschwindigkeit flog, kaufte sich eine Rolex Oyster Perpetual und trug sie bei seinen zahlreichen Testflügen. Nach seinem Rekordflug im Jahr 1947 schickte er Rolex ein signiertes Foto mit einer kleinen Kritzelei der fünfzackigen Krone.

Es war die italienische Uhrenmanufaktur Panerai, die auf das wasserdichte Gehäuse von Rolex zurückgriff, als es darum ging, eine Taucheruhr für die Kampfschwimmer des Ersten U-Boot-Kommandos zu entwickeln. Die daraus resultierende Uhr, die erste Radiomir – Ref. 3646 – mag nach dem Leuchtstoff benannt worden sein, der die Ablesbarkeit in der Tiefe erleichterte, aber sie funktionierte, weil sie ein Rolex-Oyster-Gehäuse und -Uhrwerk hatte. Die beiden Unternehmen arbeiteten bis 1956 bei der Herstellung von Uhren für das italienische Militär zusammen – natürlich mit einer Unterbrechung, als Italien während des Zweiten Weltkriegs mit Deutschland verbündet war.

Die Ablesbarkeit der Rolex-Uhren mit ihren klaren und (für die damalige Zeit) großen Zifferblättern machte sie im Vorfeld des Krieges zu einem Favoriten der Royal-Air-Force-Piloten, von denen viele sie auch privat kauften. (Leider gehörte eine Rolex damals noch nicht zur Standardausrüstung des Militärs.) Dies war ein Vorbote der Entwicklung, dass Rolex in den folgenden Jahrzehnten inoffiziell extrem limitierte Auflagen seiner Modelle für spezielle Abteilungen der Streitkräfte anfertigte.

Der Erfolg der Royal Air Force während der Luftschlacht um England 1940 inspirierte Wilsdorf dazu, sein Team mit dem Entwurf einer Reihe gut sichtbarer »Air«-Modelle speziell für diese Flieger zu beauftragen: Air Lion, Air Tiger und Air Giant. Die Produktion dieser Modelle wurde bei Kriegsende 1945 eingestellt,

UNTEN Bei den Rolex-Uhren, die für die Offiziere des Ersten Weltkriegs entwickelt wurden, wurden die Gehäuse von Taschenuhren verwendet, um das Glas vor Stößen zu schützen.

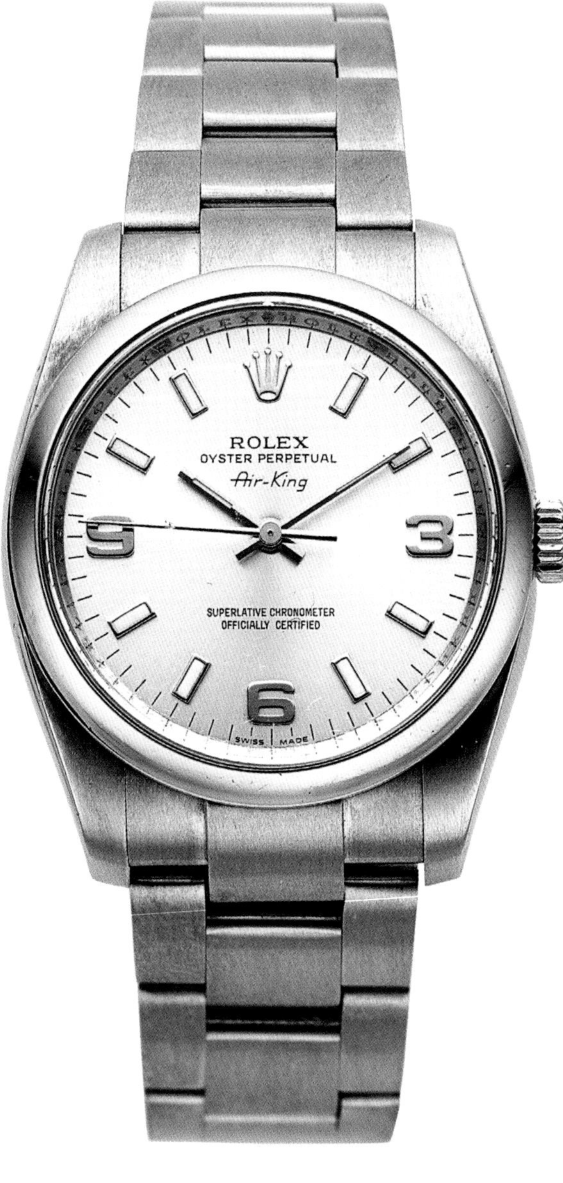
ROLEX
OYSTER PERPETUAL
Air-King
SUPERLATIVE CHRONOMETER
OFFICIALLY CERTIFIED
SWISS MADE

mit Ausnahme eines Modells, das seit seiner Einführung im Jahr 1945 fast ununterbrochen produziert wurde: der Air-King.

Später, als die Assoziation der Uhr mit dem Krieg weniger angebracht schien, bot der Kalte Krieg eine Art Kontext für die Attraktivität der Air-King und ihrer Varianten, einschließlich der Air-King Date. In einer Anzeige des *New Scientist* aus dem Jahr 1963 heißt es: »Der Mann mit dem streng geheimen Job trägt eine Rolex am Handgelenk.« Im Gegensatz zu seiner Uhr ist die Arbeit des bebrillten, weiß gekleideten Mannes an seinem Oszillator nicht präzise, aber sie beinhaltet »äußerst wichtige Forschung«.

Doch zurück zum Zweiten Weltkrieg: Wilsdorf sah es auch als seine Pflicht an, seine Uhren zu den alliierten Soldaten zu bringen, wo auch immer sie sich aufhielten. Bemerkenswerterweise konnten sogar alliierte Kriegsgefangene dank eines von ihm organisierten Sonderdienstes eine Oyster per Brief und direkt aus ihren Gefangenenlagern bestellen. Sie waren natürlich nicht in der Lage zu zahlen. Aber Wilsdorf nahm das Wort eines Soldaten als Pfand – oder zumindest das eines Offiziers – und wartete gerne auf die Bezahlung nach Kriegsende. Das stärkte unweigerlich die Moral, da die Vereinbarung implizierte, dass die Achsenmächte nicht gewinnen würden.

Und eine Oyster konnte sich als sehr nützlich erweisen. Unteroffizier Clive James Nutting war im deutschen Gefangenenlager Stalag Luft III inhaftiert. Dort bestellte er einen teuren Chronografen 3525 – später Monoblocco genannt, weil er aus einem Stück gefertigt war –, und obwohl er nur ein Unteroffizier war, gewährte ihm Wilsdorf die gleiche Regelung: »Jetzt kaufen, später bezahlen.« Das Stalag Luft III wurde 1944 zum Schauplatz eines der größten Ausbrüche aus einem Kriegsgefangenenlager, dessen Geschichte zuerst in dem Buch und dann in dem Film *Gesprengte Ketten* erzählt wurde. Nuttings Uhr wurde angeblich benutzt, um den besten Zeitpunkt für die Häftlinge abzupassen, die Tunnel zu verlassen und in den Schutz der nahen Bäume zu flüchten.

GEGENÜBER Die Air-King ist das einzige erhaltene Modell einer Uhrenserie, die kurz nach dem Zweiten Weltkrieg lanciert wurde und von den Aktivitäten der Royal Air Force inspiriert ist.

Vielleicht als Anerkennung dafür, wie der britische Kriegsführer das Land zum Sieg geführt hatte, wurde Winston Churchill ausgewählt, um den 100.000sten zertifizierten Chronometer von Rolex zu erhalten: eine Rolex Oyster Perpetual Datejust aus 18 Karat Gold.

Offizielle Militäruhren von Rolex kamen jedoch erst nach dem Krieg zum Einsatz, die erste in den Vereinigten Staaten. Das war 1953, als das Akrobatikteam der US-Luftwaffe, die Thunderbirds, das Modell Turn-O-Graph von Rolex übernahm: das erste Modell mit drehbarer Lünette, die für die Zeitmessung so nützlich ist, und auch das erste in der zweifarbigen Kombination Rolesor-Gold und Stahl. Es lässt sich sogar behaupten, dass nur diese elitäre Gruppe von Fliegern das Modell vollauf zu schätzen wusste, denn obwohl es mehr als fünfzig Jahre lang in der Rolex-Kollektion blieb, erwies es sich nie als kommerzieller Erfolg und wurde schließlich 2011 eingestellt.

Aber auch das britische Verteidigungsministerium stand hinter den Thunderbirds: 1954 wählte es die Rolex Submariner Ref. 6528 Big Crown aus, um sie zu testen, damit sie zur Standardausrüstung

RECHTS Die MilSub Submariner ist wohl der Heilige Gral unter den Vintage-Rolex-Uhren und wurde in begrenzter Stückzahl nach einer speziellen Militärspezifikation hergestellt.

LINKS Chuck Yeager, Kampfflugzeug-Ass und der erste Mensch, der die Schallmauer im Horizontalflug durchbrach – im Jahr 1947 – und GMT-Master-Fan.

der Royal Navy und vor allem ihrer U-Boot-Piloten werden konnte. Rolex schickte etwa fünfzig Exemplare der Uhr, und nachdem die Marine mit deren Leistung im Einsatz zufrieden war, übernahm sie sie 1957 als Standardausführung. Dieses Modell ist natürlich besser bekannt als die James-Bond-Submariner. Und da Ian Fleming, der während des Zweiten Weltkriegs im Marine-Nachrichtendienst diente, beschloss, seiner Rolle den Rang eines Commanders in der Royal Navy zu geben, trug Sean Connery auch eine Submariner im fünf Jahre später veröffentlichten *007 jagt Dr. No.*

Die Submariner wurde auch zur bevorzugten Uhr der Navy SEALs, der Eliteeinheit der US-Marine, und ihrer U-Boot-Fahrer. »Wenn Sie auf der Skate, der Shark oder der Nautilus [alles US-U-Boote] unterwegs sind, erkennen Sie dieses Zifferblatt«, hieß es in einer Anzeige – wobei das Zifferblatt der Submariner gemeint war.

GEGENÜBER Das eher obskure Modell Turn-O-Graph mit einer drehbaren Thunderbird-Lünette, die wie bei Taucheruhren die Aufzeichnung der verstrichenen Zeit ermöglicht.

Die MilSub oder Militärausgabe der Submariner wurde zum wohl begehrtesten aller Rolex-Modelle. Zum einen, weil nur wenige Exemplare hergestellt wurden und nur wenige auf dem Sekundärmarkt erhältlich waren, zum anderen, weil sie aufgrund ihrer militärischen Herkunft als Rolex' ultimativer Ausdruck der schnörkellosen Toolwatch gilt, die sich durch eine Reihe von Designänderungen vom zivilen Modell unterscheidet:

Die Federstege – die Metallstangen, an denen ein Armband an der Uhr befestigt ist und die auf kleinen Federn sitzen, damit sie sich leicht abnehmen lassen – wurden durch massive, fest verlötete Stege ersetzt, und die Lünette wurde aus Neusilber (eigentlich eine silberfreie Kupferlegierung) statt aus Messing gefertigt, damit sie bei Stößen zwar verbeult, aber nicht bricht. Außerdem wurde sie etwas größer gemacht, sodass sie über den Gehäuserand hinausragt und so auch mit Handschuhen leichter zu greifen ist. Bei den noch selteneren Modellen, die später an die britischen Spezialeinheiten ausgegeben wurden – etwa 1.200 Stück an den Special Boat Service und den Special Air Service –, zeigte die Lünette aus Stahl und Aluminium Markierungen für die vollen sechzig Minuten (statt nur für die ersten fünfzehn), die Mercedes-Zeiger wurden durch Schwertzeiger ersetzt, und ein auffälliges T in einem weißen Kreis auf dem Zifferblatt zeigte die Verwendung von Tritium für die Lumineszenz an.

Im Laufe der Jahre folgten drei weitere Iterationen der Standardausgabe der MilSub, bis 1967 – mit den Verbesserungen der Special Forces – die Parallele zu James Bond erneut gezogen werden konnte: Die Royal Navy ließ die Submariner zugunsten der Omega Seamaster 300 fallen. Diese Vereinbarung dauerte jedoch nur vier Jahre, bevor sie zum Submariner zurückkehrten. Schließlich scheint das Verteidigungsministerium 1979 zu dem Schluss gekommen zu sein, dass die Ausstattung seiner Seeleute mit einer Rolex in Anbetracht der immer knapper werdenden Budgets einfach zu extravagant war. Der Vertrag mit dem Uhrmacher wurde, wie bei vielen Bösewichten in den Bond-Filmen, gekündigt.

ROLEX
OYSTER PERPETUAL
DATEJUST
SUPERLATIVE CHRONOMETER
OFFICIALLY CERTIFIED

# AUS ALTEN ZEITEN

660ft = 200m
SWISS - T < 25

# VINTAGE-ROLEX

Wenn Sie sich fragen, ob es gut ist, wenn die Lünette der Vintage-Uhr, die Sie in Betracht ziehen, »geisterhaft« ist, oder ob das bedeutet, dass sie bereits tot ist, oder ob »tropisch« bedeutet, dass das Zifferblatt nur für Dschungelwanderungen oder die Strände von Bali geeignet ist, oder warum eine »doppelte Rote« *(double red)* so viel teurer ist als eine »einfache Rote« *(single red)*, dann willkommen in der esoterischen Welt der Vintage-Rolex-Uhren.

Der Sekundärmarkt für Rolex-Uhren ist seit den 1980er-Jahren langsam, aber stetig gewachsen – auch weil sich der Kauf bestimmter neuer Rolex-Modelle als Herausforderung erweisen kann, und zwar so sehr, dass einige seltene Rolex-Modelle nur »getragen« erhältlich sind. Das kommt einerseits von der Macht und Begehrlichkeit der Marke Rolex, zum anderen, weil diese Uhren dazu neigen, ihren Wert zu halten. Wenn Rolex vorlegt, folgt der Markt für alte Rolex-Modelle unweigerlich: Eine neue Submariner beispielsweise weckt das Interesse an alten. Und sorgt für einen Preisanstieg.

Rolex hat sich mit Sicherheit zu einer dominanten Größe auf dem Markt für alte Uhren entwickelt. In der Tat werden die Alterserscheinungen einer Rolex-Uhr von den Liebhabern nicht als Makel, sondern als höchst wünschenswerte Zeichen der Einzigartigkeit eines Sammlerstückes betrachtet. Das stellte David Silverman von der Londoner The Vintage Watch

GEGENÜBER Eine großartige *single red* Submariner. Hier wird die Wirkung der Cyclops-Datumslupe deutlich, die angeblich durch die Kurzsichtigkeit von Hans Wilsdorfs zweiter Frau inspiriert wurde.

Company – gegenwärtig wohl der weltweit größte Händler für alte Rolex-Uhren – fest und belegte es durch die Preise bei Auktionen. Im Gegensatz dazu geht Rolex selbst bis an die Grenzen der Technik und der Materialwissenschaft, um ebendiese Alterserscheinungen zu verhindern. In Zukunft werden »alte« Rolex-Uhren also vielleicht so gut aussehen wie am Tag ihrer Herstellung.

In der Zwischenzeit ist das, was früher die Insidersprache einer Branche war, nicht zuletzt dank des Internets und der sozialen Medien zur vereinheitlichenden, wenn auch freakigen Sprache einer Gemeinschaft von Uhrenfans geworden – und insbesondere von Fans von Rolex, der Marke, von der ein Großteil des Jargons stammt und auf die er immer noch am ehesten zutrifft.

Heute sprechen Rolex-Sammler von den kleinen Unterschieden zwischen sehr ähnlichen Modellen, die ihnen einmalige Kombinationen von Zifferblatt, Lünette und Leuchteffekten verleihen, entstanden durch die jahrelange Einwirkung von Sonnenlicht, Hitze und Feuchtigkeit. Für die meisten Leute lassen solche Effekte eine Rolex-Uhr lediglich alt oder abgetragen aussehen. Für den Vintage-Rolex-Fan ist eine solche Uhr etwas Besonderes. Andere Sammler wiederum drücken ihre Wertschätzung für Rolex durch liebevolle Spitznamen für bestimmte Oberflächen, Farbkombinationen oder die Verwendung von Typografie aus. Wer den Rolex-Kult nicht kennt, mag dies für verrückt halten – umso mehr, wenn für solche Details ein stattlicher Preis verlangt wird.

VERBLASST: Jede Rolex mit einem Zifferblatt auf Farbbasis verblasst im Laufe der Zeit, obwohl es eine deutliche Abweichung vom Original geben muss, damit eine Uhr als richtig »verblasst« gilt. Händler und Sammler beziehen sich jedoch manchmal auf bestimmte Farbtöne: So kann eine ursprünglich rote Lünette als *fuchsia* beschrieben werden – der Pantone-Ton, den die Lünette einer Rolex GMT aus den 1960er- oder 1970er-Jahren unter bestimmten Bedingungen annimmt – oder als *root beer,* ein helles Braun.

GHOST-LÜNETTE: Dies bezieht sich auf eine noch spezifischere Färbung der Lünetten von Rolex-Taucheruhren, die zunächst schwarz waren und dann in einem ausgeprägten Grau bis Blassgrau enden – oft auf Kosten der Lesbarkeit der Ziffern und damit der Funktionalität der Uhr. Es handelt sich jedoch um einen extrem seltenen Effekt von Licht und Temperatur, für den auch höhere Aufpreise gezahlt werden. Andere schwarze Einfassungen verblassen zu Marine- oder Brauntönen, für die die Fachwelt jedoch noch keine Bezeichnung gefunden hat.

OBEN Die GMT-Master II mit ihrem unabhängigen dritten Stundenzeiger und – bei diesem Exemplar von 2018 – der charakteristischen Pepsi-Lünette aus Keramik.

TROPISCH: Hierbei handelt es sich um eine charakteristische Farbveränderung, die nur dann auftritt, wenn eine Rolex-Uhr lange Zeit intensiver Hitze und Nässe ausgesetzt war – daher »tropisch«. Typisch

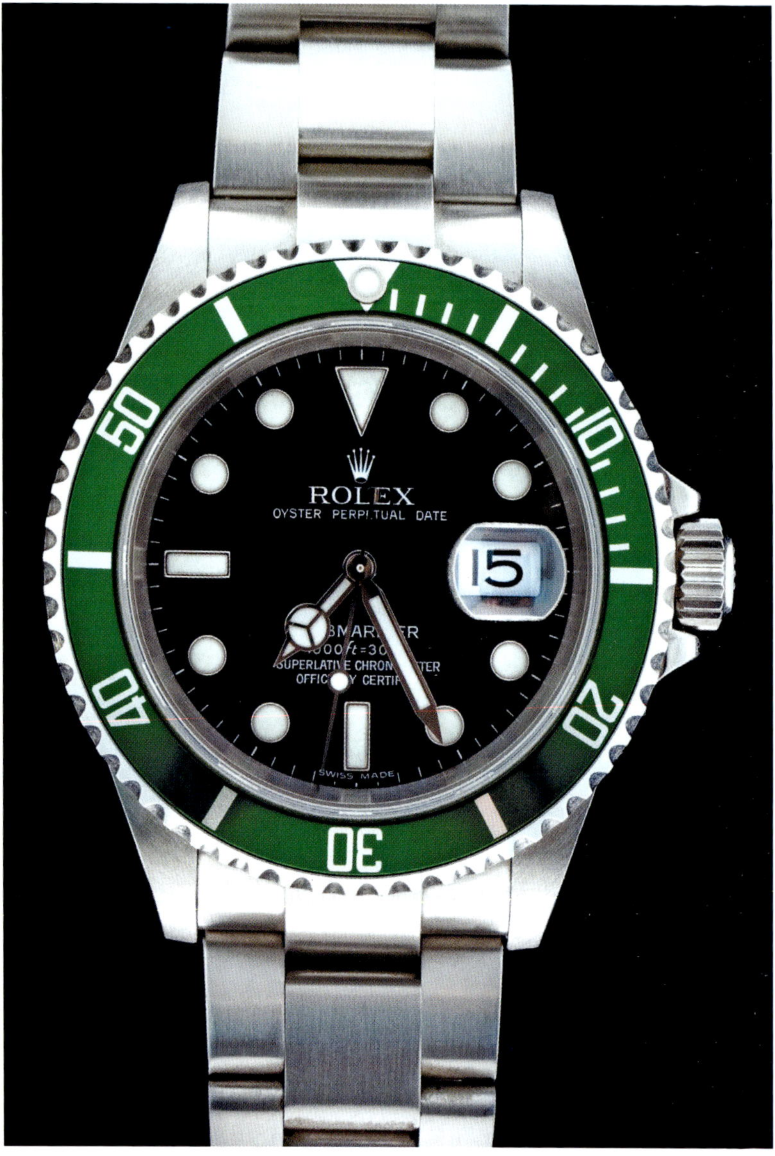
ROLEX
OYSTER PERPETUAL DATE
15
SWISS MADE
10
20
30
40
50

ist der Wechsel von Schwarz zu Goldbraun, und der Effekt ist subtil und variiert je nach Licht. Aber es ist schon faszinierend genug, dass es Sammler gibt, die sich auf ein einziges Rolex-Modell oder eine einzige Rolex-Referenz konzentrieren, von denen jedes Exemplar dank der tropischen Zifferblätter anders aussieht.

PEPSI-LÜNETTE: Dies bezieht sich in der Regel auf eine Rolex-Sportmodell-Lünette in zwei kontrastierenden Blau- und Rottönen, die denen auf der Softdrink-Dose sehr ähnlich sind. Der Name verbindet natürlich eine Weltmarke mit einer anderen und unterstreicht, ob gewollt oder nicht, die unterschiedliche Zugänglichkeit. Zum Zeitpunkt dieser Buchveröffentlichung werden die Pepsi-Zifferblätter – im Gegensatz zur Coke-Lünette – immer noch in den Farben Schwarz und Rot hergestellt. Rolex-Sammler scheinen es zu lieben, ausgefallene Farbreferenzen für Uhren zu schaffen – eine Rolex-Taucheruhr mit einem Zifferblatt oder einer Lünette in einem bekannten Grünton? Das ist natürlich ein »Starbucks«-Modell, anders als ein »Hulk« oder ein »Kermit«.

GEGENÜBER Die Submariner mit grüner Lünette wurden von Rolex-Fans liebevoll »Kermit«, »Hulk« oder »Starbucks« genannt.

UNTEN Die Welt der Vintage-Rolex hat ihre eigene Sprache: hier eine JPS oder John Player Special Daytona mit schwarzem Zifferblatt und Gelbgold, so benannt nach der Farbkombination, die an eine Zigarettenmarke erinnert.

DOUBLE RED: Rolex-Sammler können sich an den kleinsten Unterschieden stoßen, die dennoch die Seltenheit eines bestimmten Modells anzeigen. Das erste Modell der Sea-Dweller von Rolex hatte zum Beispiel zwei rote Zeilen auf dem Zifferblatt, im Gegensatz zu bestimmten Modellen der (inzwischen alten) Submariner, die nur eine hatten – daher die Bezeichnung *double red* für die erste, *single red* für die zweite. Oder auch das *big red* der Schriftzüge auf bestimmten Daytona-Modellen. Auch andere typografische Details auf Vintage-Modellen können ihre Attraktivität für Sammler erhöhen, zum Beispiel ein kleines T in einem Kreis, das eine MilSub oder eine militärische Submariner kennzeichnet, oder das COMEX-Logo auf dem Zifferblatt, das auf eine Submariner nach 1970 oder eine spätere Sea-Dweller hinweist, die in sehr begrenzter Stückzahl für die französische Tauchgesellschaft COMEX (Compagnie Maritime D'Expertises) hergestellt wurde und nie in den Handel kam.

ROULETTE-DATUM: Sie lieben rote Farbtupfer auf dem Zifferblatt einer Rolex? Wie wäre es mit einer Roulette-Datumsanzeige, die bei den Rolex-Uhren in den 1940er- und 1950er-Jahren üblich war und in den 1970er-Jahren bei der Datejust überarbeitet wurde? Eine Roulette-Datumsanzeige wechselt zwischen Rot und Schwarz: rot für gerade Tage, schwarz für ungerade Tage.

KÜRBISLUME: Haben Sie sich schon einmal gefragt, warum die Uhrmacher heute dem Leuchtstoff auf Ziffern und Zeigern ihrer Zifferblätter manchmal einen warmen Sepiaton verleihen? Damit soll der Alterungseffekt der Lume nachgeahmt werden, die mit der Zeit einen charakteristischen Farbton annimmt, der in der Uhrenbranche als kürbisartig gilt. Viele Hersteller, darunter auch Rolex, würden eine neue Uhr niemals so gestalten, dass sie künstlich alt aussieht – aber wenn ihre Leuchtkraft zu diesem unverwechselbaren Ton verblasst ist, wird der Wert nur erhöht.

LINKS Eine Rolex GMT-Master, die alle Anzeichen eines bewegten Lebens zeigt, vor allem durch ihr attraktiv verfärbtes »tropisches« Zifferblatt.

JPS: JPS beschreibt eine Farbkombination aus Schwarz und Gold, oft in Anlehnung an eine Rolex »Paul-Newman-Daytona«. Warum »JPS«? Das ist eine Anspielung auf die Zigarettenmarke John Player Special, die in den 1970er-Jahren ein Formel-1-Lotus-Team sponserte, dessen Autos die charakteristische schwarz-goldene Lackierung trugen.

# INDEX

*Kursiv gedruckte Zahlen verweisen auf die Seiten der Bildunterschriften.*

# BILDNACHWEISE

Die Herausgeber möchten den folgenden Quellen für ihre freundliche Erlaubnis danken, die Aufnahmen in diesem Buch zu verwenden.

The Advertising Archives: 20, 130

Alamy: Collection Christophel 112, 119; /Cinematic 114; /dpa picture alliance 58; /Everett Collection, Inc 46, 131; / f8 archive 126; /Chris Hellier 23; /John Frost Newspapers 136; /P Kawka 152; / Keystone Press 118; /Ganesh Krishnan 53; /Lordprice Collection 11; /Jeff Morgan 26; /The Print Collector 122; /Rene Paik 124; /Retro AdArchives 129; /Malcolm Park 81, 142; /Photology1971 151; /Pictorial Press 29; /Retro AdArchives 43; /Rapisan Sawangphon 25, 70, 87; /Mark Sykes 8; / Peter Titmus 19; /UPI 115; /Kathy de Witt 109; /Hasan Zaidi 80

Getty Images: Farbrice Coffrini/AFP 138, 153; /Alfred Gregory/Royal Geographical Society 38; /Paul Harris 47; / Hulton-Deutsch Collection/Corbis 52; / Samir Hussein/WireImage 117; /ISC Archives/CQ-Roll Call Group 64; /Douglas Kirkland 67; / Robert R. McElroy/ 51; / David Madison 143; /James D. Morgan 133; /Leonard Ortiz/Digital First Media/ Orange County Register 39, 56; /SSPL 36, 62; /Serge Plantureux/Corbis 72; /Steve Powell/Allsport 127; /RDB/ullstein bild 90; /Christian Vierig 85; /Santi Visalli 132; / Stefan Wermuth/Bloomberg 69

Heritage Auctions, HA.com: 16, 31, 40, 44, 60, 63, 73, 77, 83, 102, 105, 106, 139, 140, 141, 145, 155

NASA: 68

National Archives, USN: 84

Images courtesy of Phillips.com: 12, 32, 48, 49, 59, 74, 76, 92, 96, 99, 148

Shutterstock: Jacek Jedrzejczyk 78, 95; / Levantemedia 42; /Portal Satova 55; /

Es wurde jegliche Anstrengung unternommen, Quellen und Urheberrechte des Bildmaterials korrekt zu ermitteln. Eventuelle versehentliche Fehler werden in zukünftigen Auflagen behoben.